静岡水物語

―新史料で読み解く駿府用水―

柴　雅房

目次

はじめに

かつて街には水辺があった

江戸時代後期の天保十四年（一八四三）、幕臣で駿府加番（かばん）であった阿部正信によって著された駿河国の地誌『駿国雑志』には、当時の駿府（現在の静岡市中心部）を描写した次の一節がある。

今府中町々、皆軒下通り、切石をた、みて下水とし、御城御堀入の、安倍川上水を分水して流とし、快晴続く時は所々に瀬きりて、大道に流しかけ、程よくしめるを見て、瀬きりを取り流す。故に水うつの煩なく、下水甚奇麗也、最便利ありと云べし当時、駿府城の堀には用水（駿府用水）が引かれており、その一部は市街にも分流していた。用水の清浄な水は家々の軒下につくられた石造りの水路を流れ、晴天の続く時は所々を堰切って打ち水の代わりとしたほか、生活の中で幅広く利用されていた。

かつての駿府のまちには人々に親しまれた身近な水辺があったのだ。駿府用水はいつ、どのようにしてつくられ、どこを流れていたのか。また、誰によってどのように管理されていたのか。そして人々のくらしとどのようにかかわっていたのか。時代を経た現在、市街で用水を目にすることはできない。用水はいったいどこへいってしまったのか。

新発見！「水道方手控」

私は冒頭の一節に惹かれ、駿府用水に関心を持つようになった。駿府用水の存在についてはこれまでもよく知られていた。しかしその実態についてはよくわからない点が多かった。一番の理由は駿府用水を直接管理していた駿府町奉行所水道方同心の関係史料がほとんど残されて

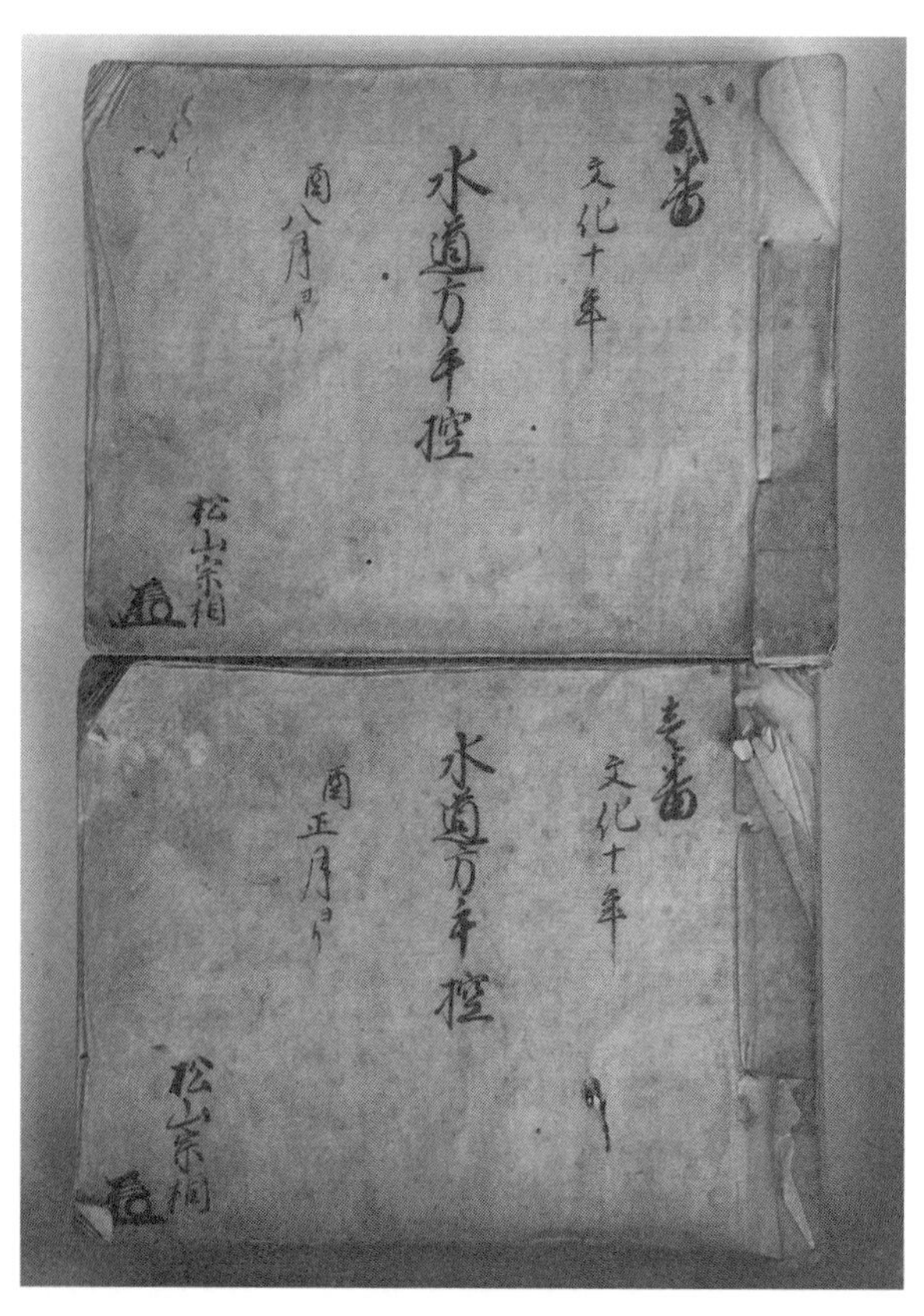

写真１　水道方手控

いなかったためである。

平成九年（一九九七）、神田の古書店の目録を眺めていた私は思わず手を止めた。そこには「文化十年水道方手控」（以下「手控」、写真1）と題する古文書が掲載されていた。題名からして水道方同心が直接記したものと思われる。もしそうであるならば、新発見である。私は週末になるのを待ちかねてその古書店に赴いた。

店主から見せてもらった手控の表紙には題名と共に「松山宗相」の署名と花押があった。手控は水道方同心松山富右衛門（宗相）が個人的に作成し、私蔵していたものと思われる。同心が世襲職であった当時、公務の内容を文書にまとめて家伝とするのはごく当たり前のことであった。

手控の体裁は横帳で二分冊。各六十九、百四枚。冒頭には「先役中勤方例書」（以下「例書」）と「水道方取計定例」（以下「定例」）が収録されていた。例書は代々の水道方同心の間で引き継がれていた業務マニュアルで、個々の業務内容を歴史的経緯まで含めて箇条書きにしたものである。末尾には業務に必要な公文書の様式例が載っていた。ただし、その内容自体は既に知られているものであった。定例は富右衛門自身が当面必要な業務内容をまとめたもので、量は少ないものの例書に比べて情報が新しく、一部にはこれまで知られていない内容も含まれていた。例書、定例に続く手控の大部分は富右衛門が在職した文化十年（一八一三）一月から同十二年十二月まで三年間の業務日誌であった。水道方同心の業務日誌はもちろん新発見である。その他水源から市街に至るまでの駿府用水のルートを描いた絵図も挿入されていた。絵図はこれまでにない詳細なものであった。

手控の内容に私は少なからず興奮したが、当時の自分にとってはあまりに高額で、その場では購入する決心がつかなかった。翌週末も店に足を運んだが、その日も決心がつかずに帰宅。しかしこうしている間にも誰かが購入してしまうかもしれない、そうなれば永久に手に入らなくなるだろうとにわかに気が気ではなくなり、翌週末に三度目の上京。とうとう思い切って購入してしまった。

購入後、さっそく解読に取りかかった。思い入れの深い史料であり一行一行丹念に読み込んだ。読み進めるほどにこれまで知られていなかった用水の実態や水道方同心のリアルな動きがわかってきた。

私はこの機会に手控以外にも駿府用水に関する情報を漏れなく集めてみようと思い立った。用水については文献史料に加えビジュアルな史料も重要である。そのため地図、絵図、写真なども調べた。また、駿府用水は場所によっては昭和に入っても開渠として残っていた。そのため近現代史料も視野に入れた。集めた情報はそれ自体断片的なものであったが、手控の内容と関連付けることによって新たな発見につながった。このほか手控の絵図に従って実際に用水のルートを歩いてみた。関係者へのインタビューも試みた。

こうした成果をまとめたものが本書である。駿府用水の全体像にかなり迫ることができたものといささか自負している。執筆に当たっては、写真、絵図等をできる限り取り入れ、引用箇所は必要最小限にとどめ、古文書等は書き下し文に直すなど、読みやすいものとなるよう心掛けた。読者の皆様には江戸時代にタイムスリップして、駿府の街を気軽に歩く気分でお読みいただければ幸いである。また、各章末には用水以外の駿府のインフラにかかわるエピソードをコラムとして掲載した。本文と合わせてお楽しみいただきたい。

駿府用水をテーマとして始めた調査は結果的に上下水道、地下水、安倍川の治水等に及び、本書は時代を超えて静岡の水問題を幅広く扱うものとなった。そのためタイトルを「静岡水物語」とした。中高生などが静岡と水とのかかわりを知る教材としても活用いただけるかと思う。

江戸時代の駿府用水は水系ごとに「御用水」「町方用水」「在方田用水」等と呼び分けられており、統一した名称はない。駿府用水の名称は近代以降研究上の必要から使われるようになったものと思われる。ただし、本書では江戸時代の話でも便宜的に駿府用水と記すこととした。冒頭の史料には「安倍川上水」という名称が見られるが、他に例のない使い方で、そもそも駿府用水の水源は安倍川だけではない。

第一章　駿府のまちづくりと用水

本章では駿府用水がいつ、どのような歴史的背景の下、どのような構想でつくられたかについて見ていきたい。

城下町建設の課題

静岡の都市としての歴史は実質的には室町時代今川氏の本拠となったことに始まる。天正期には家康によって駿府城が築かれ、城主はその後、中村一氏、内藤信成、大御所家康と移り変わる。その中で今日につながる市街の原型をつくったのは大御所徳川家康である。

江戸幕府を開いた家康は、慶長十年（一六〇五）にその職を息子の秀忠に譲ると江戸を離れ、駿府に移り住む。しかし、家康は政治の表舞台から全く退いたわけではなく、「二元政治」と称されるよう駿府において依然として強大な権力を握り続けた。駿府には家康のブレーンのほか、その生活を支える商人や職人たちが集まった。当時の駿府の人口は一説に約十万人といわれ、この大都市を支えるインフラの整備が緊急の課題となったのである。

インフラ整備の最大の課題は安倍川の流れをコントロールすることであった。安倍川は急こう配の荒れ川で、静岡平野は安倍川のつくった扇状地である。中世までの静岡平野は安倍川から分流した小河川が網目のように流れ込み、常に洪水の危険にさらされていた。城下町を建設するためにはまず安倍川の流路を市街西方に固定する必要があった。そこで築かれたのが「駿府御囲堤（すんぷおかこいづつみ）」、通称「薩摩土手」である（図1）。駿府御囲堤は賤機山嶺の南端、井宮妙見（いのみやみょうけん）神社（じんじゃ）下を起点に安倍川に向かって張り出した全長四・四キロにわたる堤防である。これによって安倍川の流路が固定され、市街は洪水の危険から免れることができた。その上で市街に必要な水を安定的に供給するため用水が整備されたのである。

駿府に限らず日本の主要都市の多くは江戸時代初期に建設された城下町をその起源としている。その際いずれも都市用水を整備した。著名なところでは江戸の神田上水、玉川上水、金沢

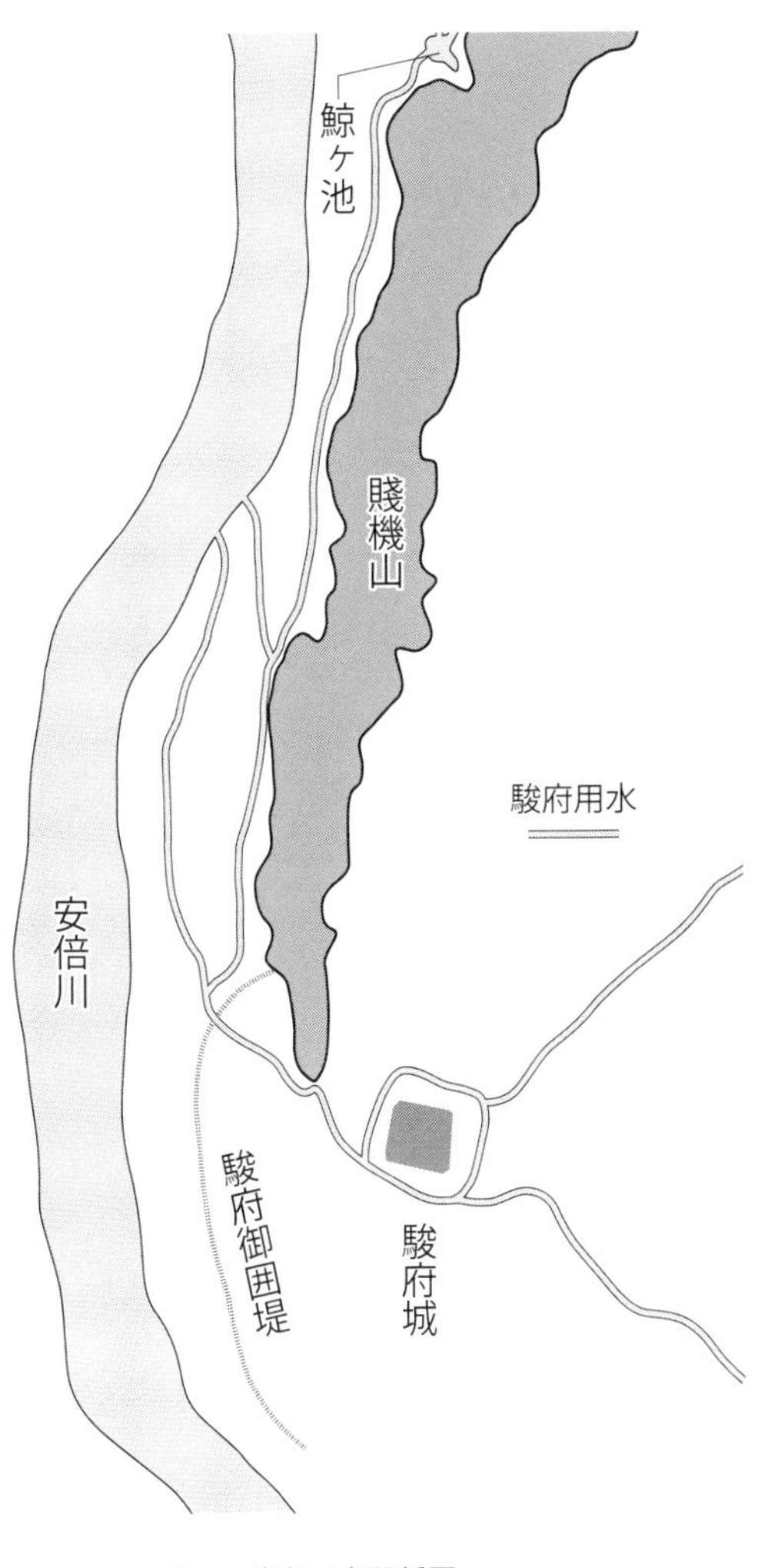

図1　駿府用水関係図

の辰巳用水、仙台の四ッ谷用水などがある。

用水整備の時期

駿府用水が整備されたのはいつか。その経緯を示す同時代の史料は残っていない。しかし駿府用水の水源にほど近い門屋の旧家白鳥家には「駿府御城御用水淵源鯨池来歴」（天保十一年四月作成）と題する史料が残されている。そこには駿府用水の整備が今川時代にさかのぼるとの記述がある。

また、近年の駿府城内発掘調査からも興味深い事実が明らかになった。市街には今川時代に既に屋敷地がつくられていたが、屋敷地の境には最大幅四・五メートル、深さ二・二メートルに及ぶ大溝が掘られていたのである。そして大溝には水が通っていた。この水は土地の傾斜などから安倍川から引き込まれたものと考えられている。しかし大溝は何度も掘り直されており、水の供給は極めて不安定だったようだ。駿府用水は今川時代に開かれた可能性があるものの、本格的な整備はやはり大御所時代と考えられる。

駿府用水は駿府御囲堤が築かれて、はじめて整備が可能となった。駿府御囲堤が築かれた時期が特定できれば駿府用水が整備された時期もある程度はっきりする。しかし駿府御囲堤が築かれた経緯を示す同時代の史料も見つかっていない。後世作成された「沓谷長源院記」と題する史料には、今川氏親が長享二年(一四八八)、安倍川治水工事を行ったとの記述がある。しかし、仮に今川時代に安倍川の治水工事が始められたとしても、駿府御囲堤につながるものとは断定できない。そもそも長大な駿府御囲堤を築くためには多くの労力が必要であり、本格的な整備はやはり大御所時代と考えるべきであろう。

江戸時代前期に作成されたと思われる『古老雑話』と題する古書には家康と駿府用水にかかわるエピソードが収録されている。ある時家康は駿府城の泉水の水を安倍川から引くよう家臣たちに命じ、家臣たちは早速用水の開削に着手した。その後家康は鷹狩りの折、小さな寺の境内に用水開削予定地を示す杭が打たれているのを目にする。家康は家臣たちに寺を潰してまで水を得る必要はないと告げるが、家臣たちは寺に代替地を与えれば済む話であると答える。これに対して家康は、「自分一人の目を悦ばそうと古来からの寺に手を加えることはすべきではない」と家臣たちに諭したという。話の真偽はわからないが、安倍川から用水を引く構想が見られる点が興味深い。

用水整備の目的

駿府用水を整備した目的は何か。享和四年（一八〇四）二月七日、水道方同心から町役人全員に対し、用水管理上の全般的心得が口頭で伝えられた（以下、「享和四年の口達」）。その内容は文書にもおこされ、幕末に至るまで、繰り返し町方に配布された。まさに用水管理のバイブルともいうべき文書である。その冒頭では駿府用水の役割について次のように述べている。

水道（駿府用水）は御堀へかかる御用水が第一で、その分水を町方用水としている。末流はいずれも在方田用水（農業用水）となり、容易ならざるものである最も優先されたのは駿府城の堀への給水である。これは用水整備の主目的とも考えられる。堀への給水にかかわる用水系は駿府用水の中でも「御用水」と呼ばれ、特に大切に扱われた。城の堀を水で満たすのは本来戦いに備えてのものであるが、平和な時代においても幕府の権威を示すものと考えられていたようだ。手控によれば老中酒井讃岐守や輪王寺宮（りんのうじのみや）の駿府滞在の際、水道方同心は御用水上流の村々に、用水の確保について特に配慮するよう命じている。こうした要人の通行のほか、静岡浅間神社の廿日会祭（はつかえさい）、少将井社（しょうしょういしゃ）（現在の小梳（おぐし）神社）の祭礼など町を挙げての祭事、行事の際にも御用水の確保に特に配慮された。

御用水の分流である町方用水とそこから分かれる小水路には、市街の防火用水としての役割が期待されていた。その証拠に水道方同心は就任直後に水門を管理する町々に赴き、「町方用水は非常の節（火災発生時）特に念を入れるように」と命じている。また、享和四年の口達でも小水路の浚渫を怠ると火災の際に水を流しても通りに水が溢れ「小溝（小水路）の用をなさず」と述べている。

江戸時代の駿府は駿府城天守を焼失した慶長十二年（一六〇七）の大火をはじめ、寛永十二年（一六三五）十一月、天和三年（一六八三）二月、寛政十二年（一八〇〇）十二月、文化四年（一八〇七）十二月、天保五年（一八三四）十一月、安政元年（一八五四）十一月と実に七回に及ぶ大火に見舞われている。

中でも最大のものは文化四年の大火で、強風八時間の延焼で被害は三十二カ町に及び、焼失家屋は千八百七十九軒。実に全町家の四五％に達した。厳寒の中で、被災した人々の窮状は厳しく、町奉行所では救助所を設け、五日間にわたって握り飯を与えたという。手控が作成された文化十年は文化四年の大火から六年後に当たるが、未だに大火の傷跡は癒えず、家屋再建の記事も見受けられる。八年後の文政四年（一八二一）、町方では大火の教訓から火消の専門集団である百人火消組合の創設を願い出る。願書の中では、寛政十二年、文化四年と大火が続く中で駿府のまちが非常に衰え、今度火災があったら存続できないと訴えている。防火対策は駿府にとって最も切実な課題であった。

そして駿府用水は流末では農業用水として利用されていたのである。

用水ルートの設定

駿府用水、厳密には御用水のルートは図1の通りである。水源は市街北方八キロメートル、賎機山嶺の西側の山ふところに位置する鯨ヶ池である。御用水はそこから賎機山嶺の山裾に沿って南下し、山嶺の先端をカーブして目的地の駿府城に至る。この水源、ルートを選んだ理由は何か。それを直接示す史料は残されていない。しかし当時の技術や周囲の地形からおおよその理由を推測することはできる。

まず、水源であるが、当時の用水技術は土地の高低差を利用する「自然流下式」であった。そのため、水源は目的地より高所である必要があった。その点市街の標高が二十二メートルから二十四メートルであるのに対し、鯨ヶ池の標高は六十八メートル。しかも、安倍川の豊富な地下水によって涵養されていた。水源としては安倍川本流も考えられる。しかし、安倍川は「崩壊しやすい地質構造の真っ只中を流れ下る」（『静岡県土地改良史』）という特質から上流から

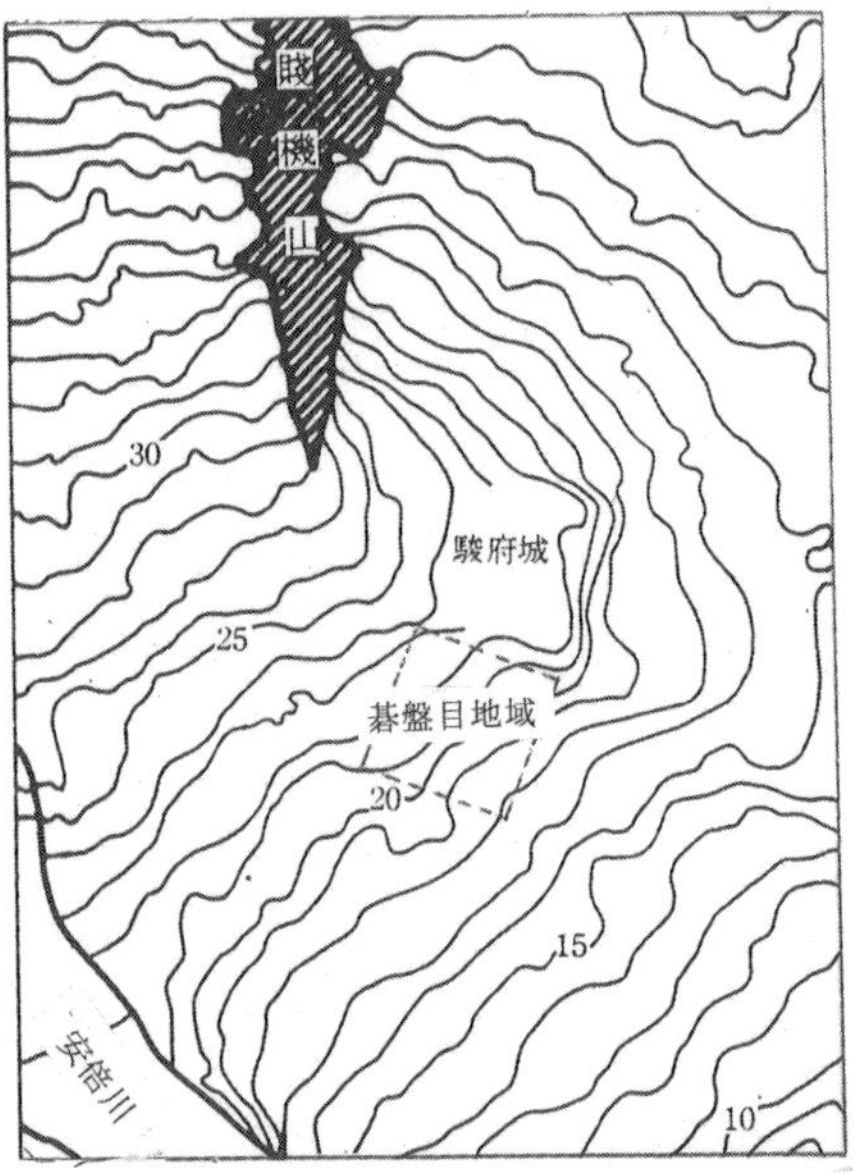

図2　駿府周辺地形図（静岡県教育委員会文化課『駿府城跡内埋蔵文化財発掘調査報告』（昭和58年3月）を基に作成）　等高線1メートル

流れ出た土砂によって水門が埋まることもあり、取水は非常に困難であった。しかし市街の水需要が高まる中、やがて安倍川からも取水されるようになった。

鯨ヶ池から発生した御用水は高低差を利用しながら南下する。その際賤機山嶺の山裾に沿ったコースを取ったのは安倍川の氾濫を極力避けるためと思われる。

用水のゴールである駿府城は賤機山嶺南端の扇頂から張り出した尾根筋上に築かれていた（図2）。そのため市街の御用水のルートは賤機山嶺の南端で東にカーブし、尾根筋を通って駿府城の堀に至るものとなった。かつて御用水の通過地点である片羽町の入り口には「扇子島」と呼ばれた扇子状の微地形があった。このことは御用水が扇状地の尾根筋を通っていたことを示唆している。

御用水から分流した町方用水は市街に広く防火用水を供給する必要があった。大正三年（一九一四）の大水害の浸水状況から、宮ケ崎から呉服町通りを静岡駅に至る一線が市街の尾根筋であることが判明したが、町方用水のルートはほぼこれと一致する。町方用水は市街の尾根筋を通ることによって、市街に広く配水できたのである。

なお、駿府用水はすべて新しく掘削されたのではなく、かつて市街を乱流していた小河川の河跡を生かして整備したものと考えるのが自然であろう。そもそも駿府城の堀自体が小河川の河跡だったかもしれない。

コラム① 江戸の木戸、駿府の木戸

江戸の町境にはいずれも木戸が設けられていた。木戸は防犯のために夜四ツ（午後十時頃）になると閉じられた。そのため夜間にやむを得ない事情で通行する者は、木戸脇にある木戸番所の番人に声をかけ、隣町の木戸まで付き添ってもらわなければならなかった。これを「町送り」という。木戸は江戸に限らずいずれの城下町にもあった。

駿府にも木戸があったが、江戸と異なり武家地（城郭や武家屋敷）と町人地の境、町人地と周辺の農村部との境のみに整備された。町人地と農村部の境の木戸は「野口木戸」と呼ばれ防犯上特に重視されていた。水道方同心は町の巡視の際、常に木戸の状況に気を配っており、定例には木戸の仕様や点検項目が細かく記されている（写真2）。また、町奉行所では木戸の修理に備え、町々の夜番の賃金を節約させた積立を行っていた。

駿府の木戸は盆祭のある七月十三日と大晦日を除き、暮六ツ（午後六時から八時頃）に閉鎖

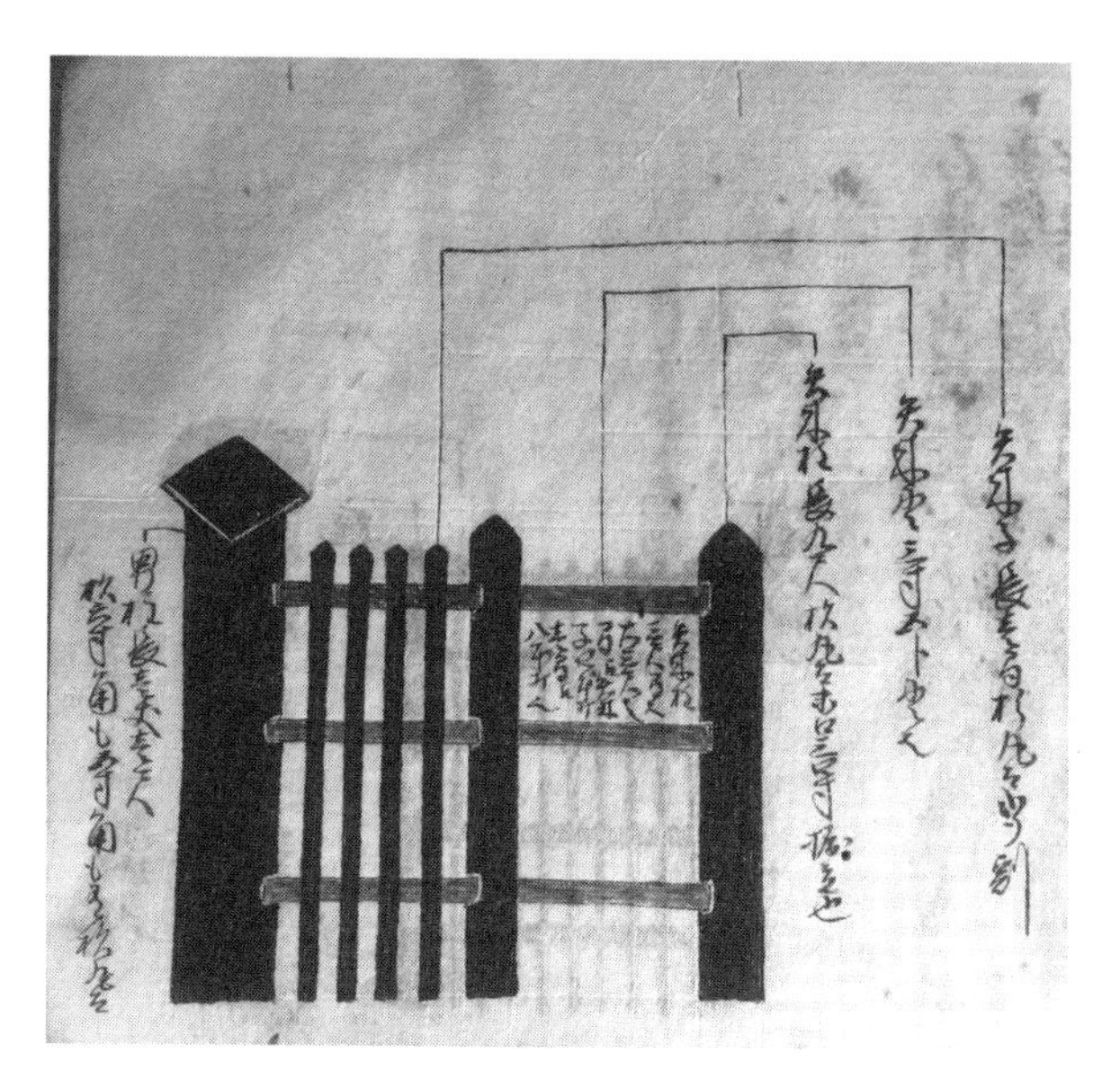

写真2　木戸の仕様(「手控」)

右端「矢来子長壱間杉丸太弐ッ割
　　矢来貫三寸五分貫之
　　矢来柱長九尺杉丸太末口三四寸掘立也」

中央「矢来柱三尺間之、右三尺之間江矢来子四本打壱間江八本
　　打之」

左端「男柱長壱丈壱尺
　　杉六寸角も五寸角も有杉丸太」

された。その一方、夜間通行の便を図るため、多くの野口木戸には夜番所が付設されていた。以下、町方から町奉行所への二つの願出を通して夜間通行の実態を見ていきたい。

①宮ヶ崎町では安倍川上流や麻機方面へ向かう主要道が町内を通過しており、その路上に二カ所の野口木戸が設けられていた。しかし夜間通行の度に夜番が木戸を開け閉めした結果、木戸の蝶番(ちょうつがい)が壊れてしまった。文化元年十二月五日、宮ヶ崎町は町奉行所宛てに願書を提出。木戸を閉じたまま脇のかかり戸（くぐり戸）からの通行を許可してほしいと訴えている。

②文化十年五月、草深町から町奉行所宛てに願書が提出された。内容は、町内を通行する商人が不便で困っているため、浅間神社前馬場に面する木戸の閉鎖時刻を暮六ツから夜四ツに遅らせてほしい、というものであった。翌年七月二十九日、願いは許された。

市街では夜間でも商人の通行が絶えなかったことがうかがえる。

第二章　用水をたどる

本章では手控に収められた絵図等を手掛かりに、駿府用水はどこを流れていたのか、用水の周囲や関連施設はどのようであったか、などについて詳しく見ていきたい。

1　水源から市街へ

鯨ヶ池

駿府用水、厳密には御用水の水源である鯨ヶ池は、静岡駅からバスで約三十分。近年は近くに新東名高速道路新静岡ＩＣが開設され、すっかりアクセスも良くなった。池の面積は五三〇〇〇平方メートル、周囲約二キロ、最深部約二メートル。コイ、フナ、ウナギなど川魚が多く

写真3　鯨ヶ池　現況

生息している。晩秋から早春にわたってはカモ等の水鳥が飛来し、夏になると池は一面水草のヒシモにより覆われる（写真3）。現在は、主に釣り堀として市民の憩いの場となっている。

江戸時代、新任の駿府町奉行は水道方同心の案内の下、鯨ヶ池を巡検するのが慣例であった。手控には文化十二年（一八一五）十月五日、町奉行井上左門が鯨ヶ池を巡検した記事がある。町奉行一行は明け六ツ（午前五時頃）に奉行所を出発。沿道村々の出迎えを受けながら、用水に沿って北上。鯨ヶ池を巡見した後、山越えで麻機池に至り、船に乗って漁の様子を見物。その日のうちに町奉行所に戻っている。町奉行は

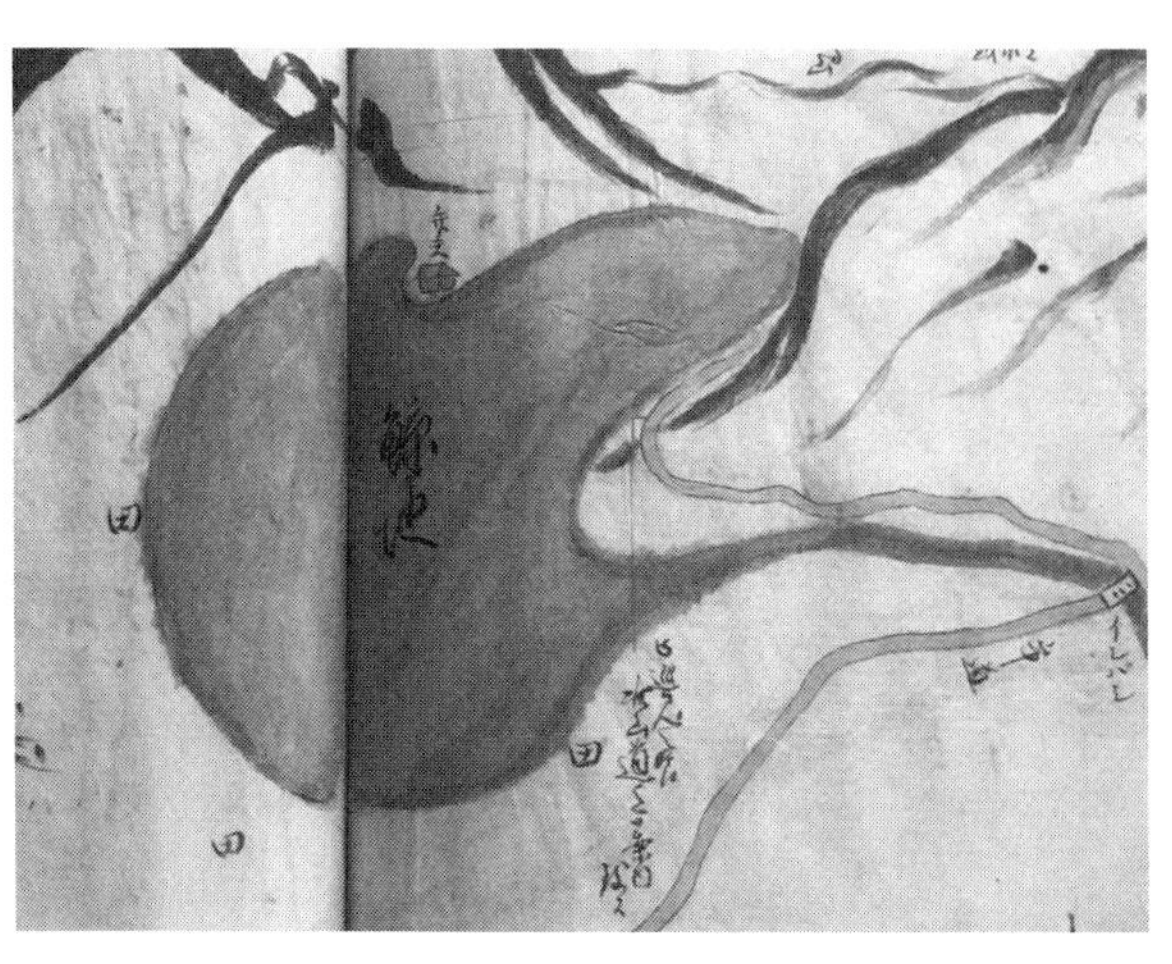

写真４　鯨ヶ池(「手控」)

途中の休憩所で用水沿いの村役人たちを集め、用水管理を入念に行うよう直接指示している。

手控の絵図には池の南方賤機山嶺の山道を少し登ったところに印がつけられている（写真４）。町奉行が水道方同心の案内の下、池全体を見渡した場所である。著者も試みに絵図を頼りに登ってみたが、現在では草木が生い茂り池を望むことはできない。

鯨ヶ池の南西、銚子口と呼ばれるところから川が発生している（写真５）。川は安倍川との間にある自然堤防に沿って約三キロ流れて安倍川に合流する。御用水はこの流れをそのまま利用し、合流地点の手前に堰を設けてその一部を

写真５　鯨ヶ池銚子口　現況　　鯨ヶ池側から川を望む

賤機山嶺方面に導いている。その後、御用水は賤機山嶺の山裾に沿って安倍川左岸を南下する。

安倍川左岸

現在の安倍川左岸は、賤機山嶺と安倍川の堤防に挟まれ、県道二九号線が南北に走っている。市街へのアクセスが良いことから宅地化が進んでいる。

図3は、東北大学附属図書館に所蔵されていた絵図に基づき、江戸時代の安倍川左岸の状況を模式的に示したものである。絵図の作者は不

明だが、用水にかかわる行政的な記述が見られることから水道方同心と思われる。安倍川左岸はもともと氾濫原で、その中に標高八十一メートルの諸岡山(もろおかやま)をはじめとする小丘陵が点在していた。諸岡山は氾濫原の平坦な地形の上にたたずむその姿から一名、鯨山と呼ばれていた。賤機山嶺の山裾に沿って北から下村、福田ヶ谷村、松富村、籠上村といった村々が点在し、村々をつなぐように安倍街道が南北に走っていた。

安倍川左岸は江戸時代に入って新田開発が進められた。江戸時代前期には伝馬町新田、籠上新田など、中期の宝暦年中には与一右衛門新田が開発された。新田開発に伴い、安倍川の氾濫から新田を守るため、堤が次々とつくられた。その多くは賤機山嶺や諸岡山など安倍川沿いの小丘陵を起点とした「山付堤」であった。堤は水勢を弱めるために鎌のように下流側に湾曲しており、地元では「ひじまがり堤」と呼ばれていた。図から明らかなように結果的に堤は安倍川に沿って雁行状に並ぶ形となった。

安倍川に接した堤には取水のための水門が設けられていた。例書には上流から国井水門、中井水門、新井水門の三つの名が見える。中井水門から九百間(約一・六キロメートル)上流の

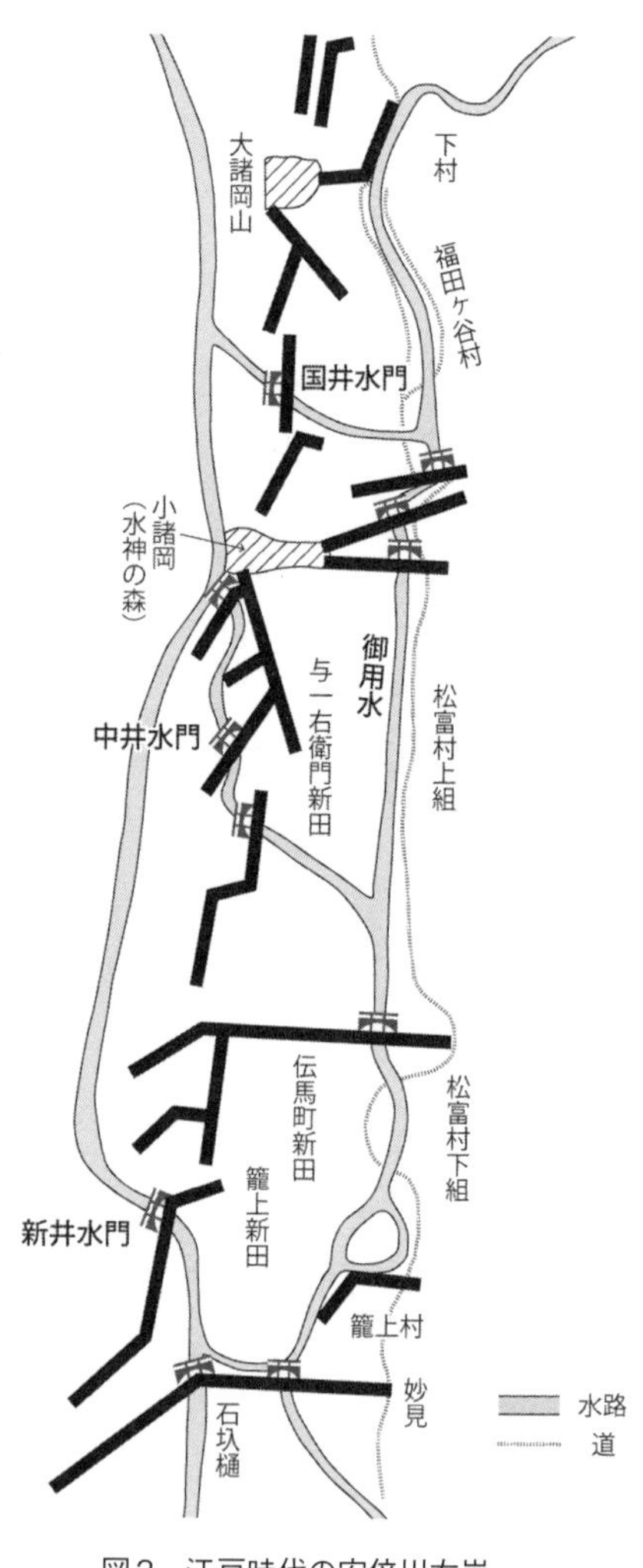

図3　江戸時代の安倍川左岸

安倍川本流の川中に「堰上場」が設けられていた。堰上場の形状は不明であるが、言葉通り堰か障害物のようなものと考えられる。そこで分水した流れを水門に誘導していたようだ。この作業は「堰揚」とか「井揚」と呼ばれていた。史料では「水筋を付ける」といった表現も使われている。水門は戸によって開閉できるしくみになっており、堤を貫く導水管（樋）とつながっていた。

手控では国井水門、中井水門から引かれた用水を「御用水国井筋」、「御用水中井筋」と記しているのに対し、新井水門から引かれた用水を「新井用水」「新井田方用水」と記している。国井水門、中井水門が御用水を補うためにつくられたのに対し、新井水門が流末村々の農業用水を確保するためにつくられたためである。新井水門から引かれた用水（以下「新井用水」）をめぐっては流末村々と水源地との間に用水権をめぐる争いがおこり、宝暦五年（一七五五）六月の裁許によって流末村々の用水権が認められた。

手控の絵図では国井水門の下に「井路潰有之」と記されており、当時既に使われていなかったことがわかる。安倍川の運んだ土砂で水門が埋まったのではないか。中井水門は現在も確認

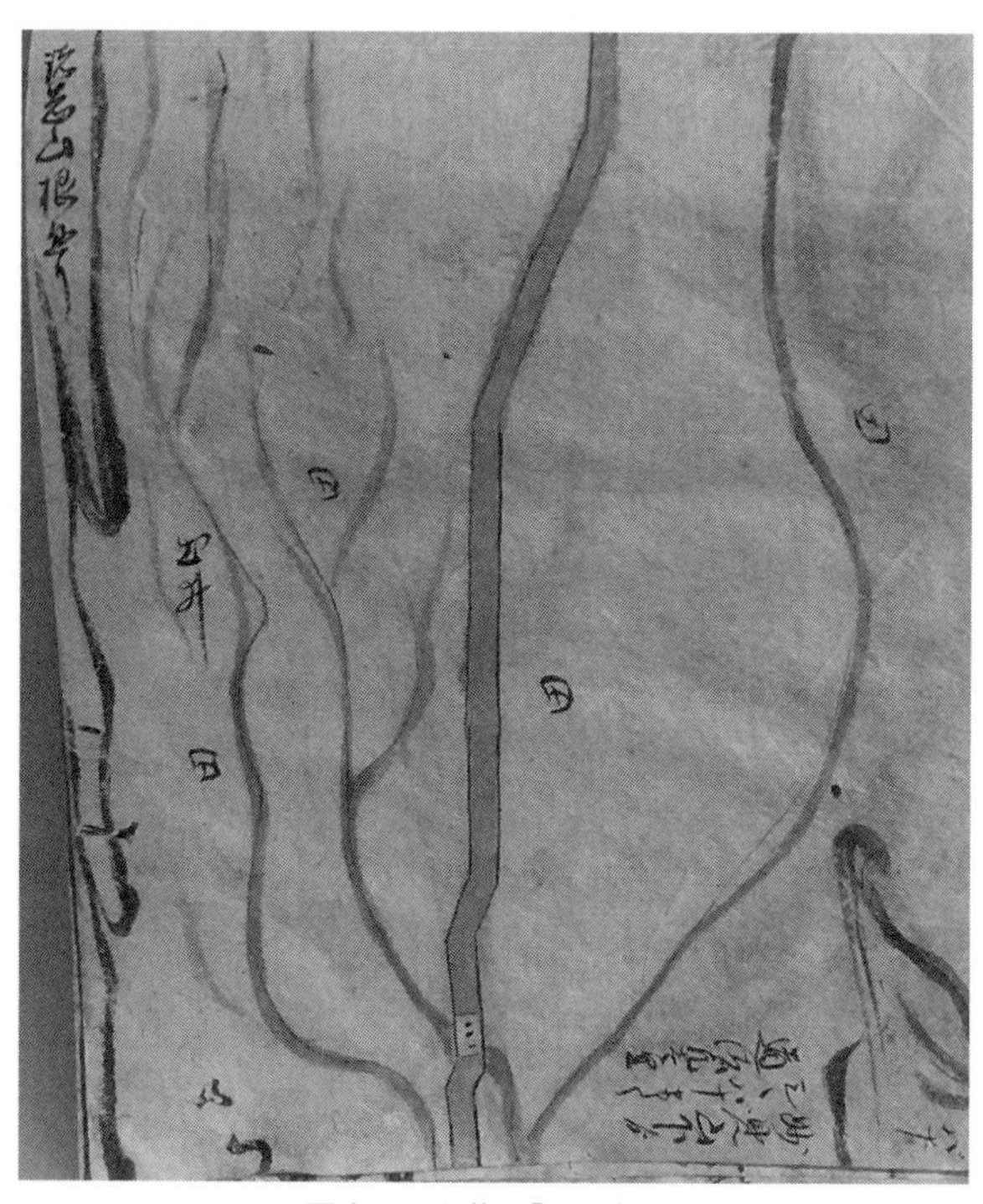

写真6　出井(「手控」)
右側の流れが御用水。左側に「出井」の文字が見える。左上に「諸岡山根通り」とある

できる。新井水門は水害の影響で度々位置を変えながら、最近まで取水していたようだ。明治三十一年（一八九八）の記録には石造りで高さ九尺（約二・七メートル）、幅六尺（約一・八メートル）とある。

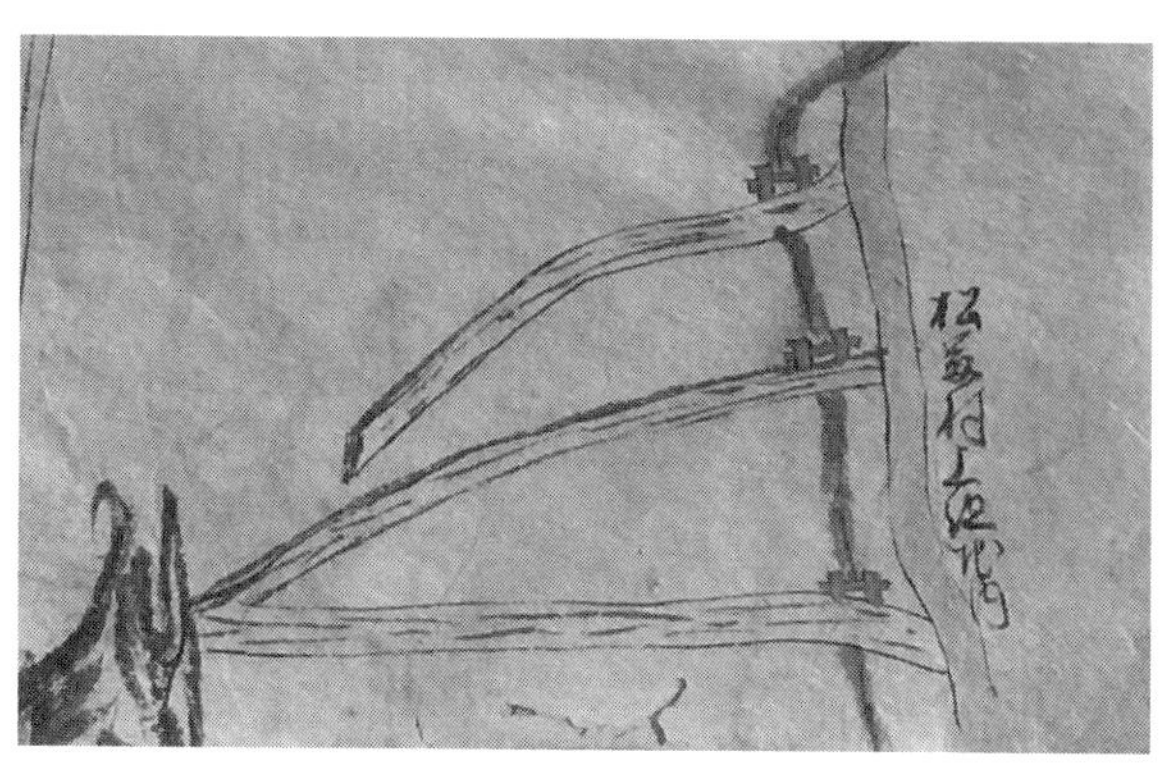

写真7　堤を貫く御用水(「手控」)
用水の右に「松富村上組地内」の文字が見える。左の山は「水神の森」

御用水のルート

賤機山嶺の山裾を南下する御用水は福田ヶ谷の辺りで「出井」と記載された複数の水系を取り込んでいる（写真6）。出井は諸岡山の麓などから湧き出た安倍川の伏流水とみられる。御用水はその後行く手を遮る堤を水門によって次々に通過（写真7）。松富村辺りで中井水門から引かれた用水と合流、駿府御囲堤手前で新井用水と合流する（写真8）。これ以降の御用水には流末村々が用水権を持つ新井用水が含まれていることに留意したい。現在、安倍川左岸の御用水の流路を確認することは近代以降の取水方法の変化によりかなり難

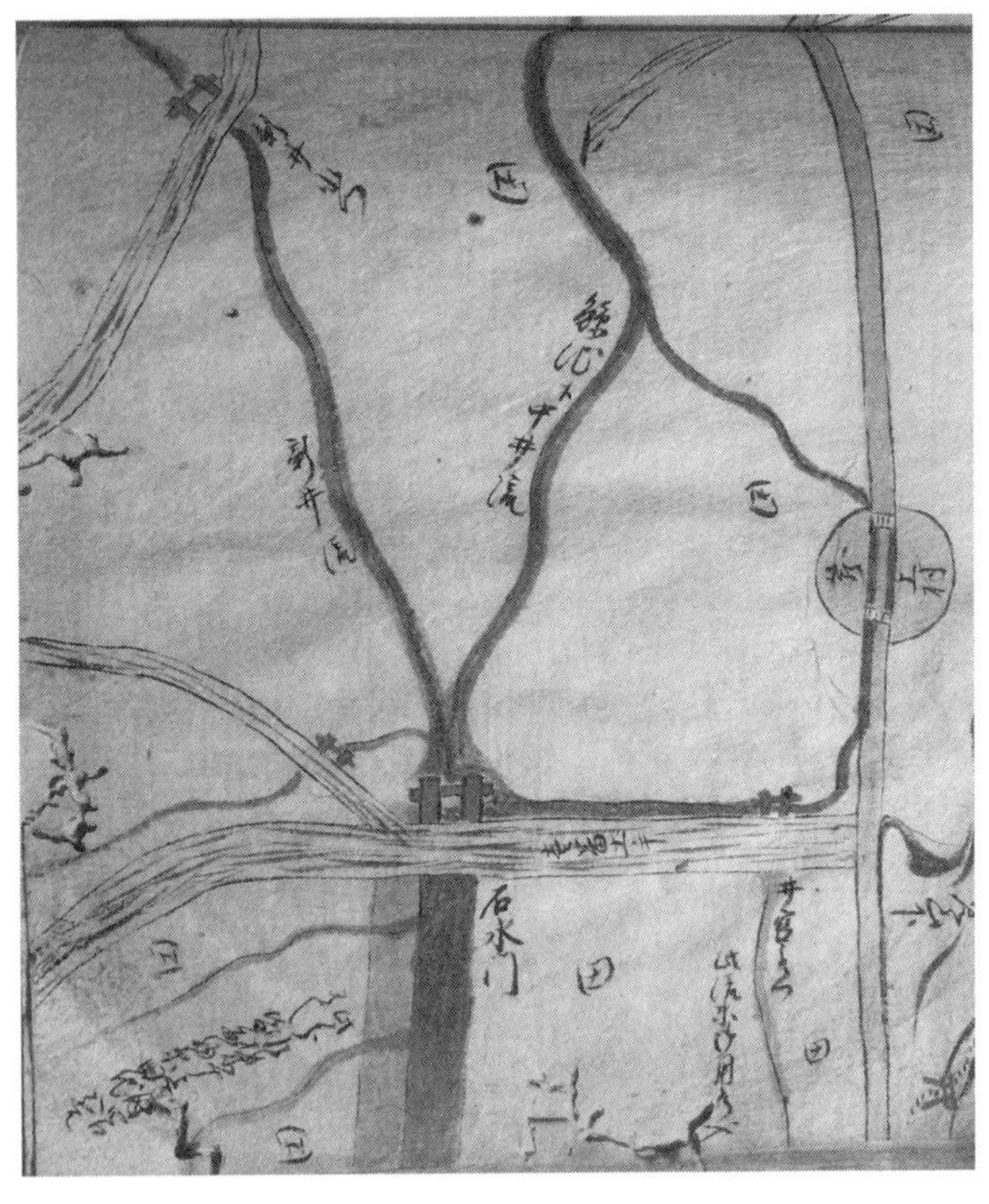

写真８　一番水門と新井水門（「手控」）
左上に「新井水門」、中央左に「新井流」、中央右に「鯨池ト中井流」の文字が見える。中央下「石水門」と記載された水門が一番水門。その右側に「井宮水門」が見える。画面を横断する「壱番土手」が駿府御囲堤である。

写真9　一番水門付近　現況

しくなっている。

御用水は現在の井宮小学校南の交差点付近で駿府御囲堤を通過して市街に入る。写真9は通過地点の現状である。正面のコンクリート造りの堤防が今に残る駿府御囲堤である。築造時の駿府御囲堤は高さ三間（約五・五メートル）、敷（台形の下底）十二間（約二十一・八メートル）、馬踏（ばふみ）（道幅）六間（約十一メートル）であった。

駿府御囲堤に設けられた水門は史料によって「安倍郡安西方地内字大堤石圦樋」「水門戸」「安西方圦樋」「石圦樋」「大水門」「材木町石水門」「一番水門」等様々な名称で記されている。名称から石造りの大きな水門であったことがうかがえる。水門は三本の柱に二枚の水門戸（戸板）をはめ込んだ構造で、水門戸を上げ下げして水量を調整していた。なお、水門名については以下一番水門に統一する。

一番水門の東側には井宮水門があった。井宮水門を通過する用水は御用水の分流で、市街に入って再び御用水に合流する。井宮水門は昭和四十年代まで利用されていた。

2　市街の用水

駿府城下町の構造

江戸時代の城下町では身分によって居住地が分かれていた。駿府の場合も同様である（図４）。武家地は主に城周辺の比較的高い場所と安西筋周辺に配置されていた。もっとも安西筋周辺は駿府城が番城（城主のいない城）になった後は寂れ、「明屋敷」と呼ばれて田畑となった。町人地（市街）は城の大手門を起点として南に広がる比較的平坦な碁盤目地域と、そこから伸び

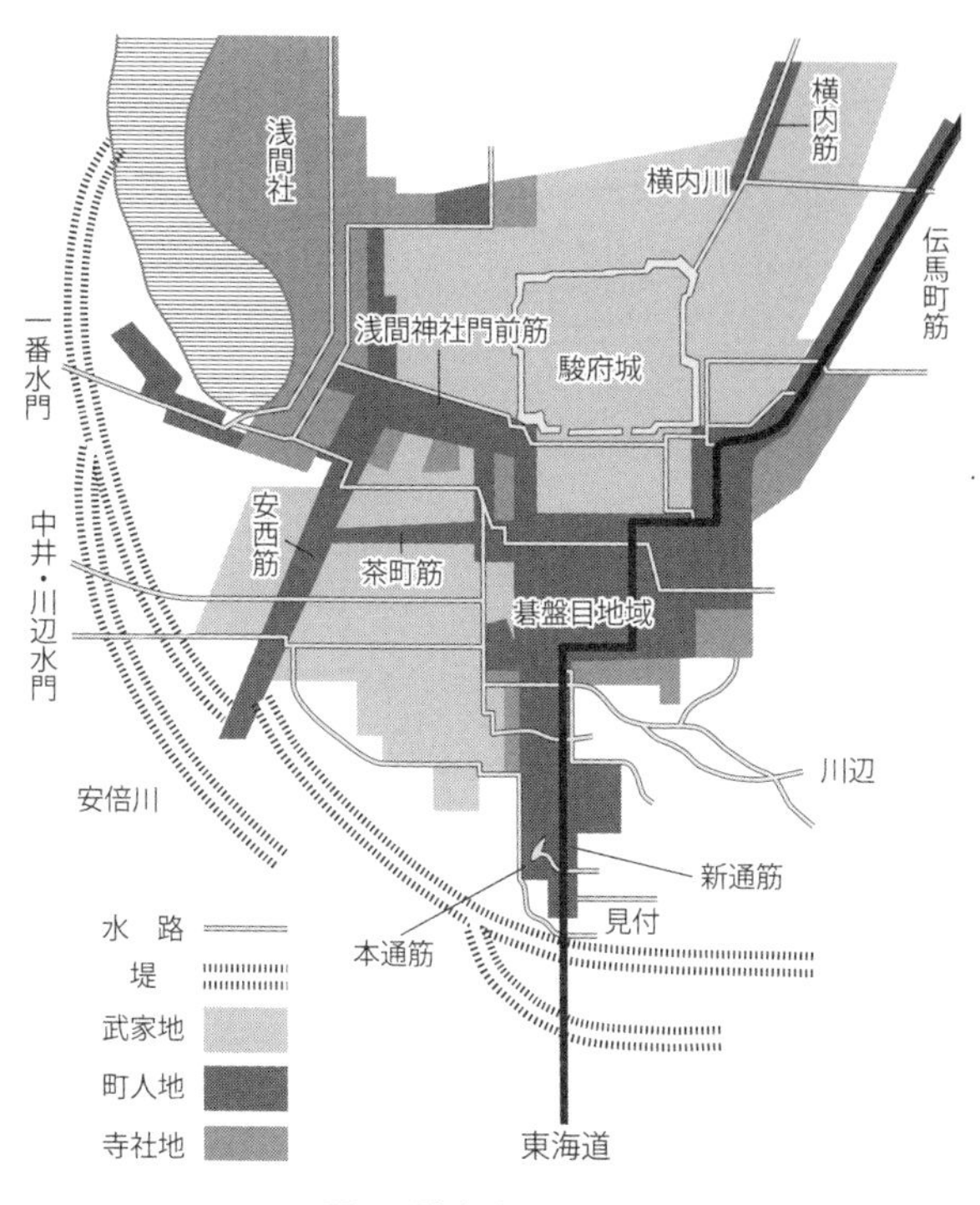

図4　駿府城下町の構造

る本通筋、新通筋、伝馬町筋、浅間神社門前筋、茶町筋、安西筋、横内筋に配置された。碁盤目地域の一ブロックは五十間(約九十一メートル)四方で、道を挟んで一つの町が形づくられていた(図5)。町人地は東海道が貫通する交通の便のよい場所であった。寺社地は市街内部に分散して配置されたほか、市街の外

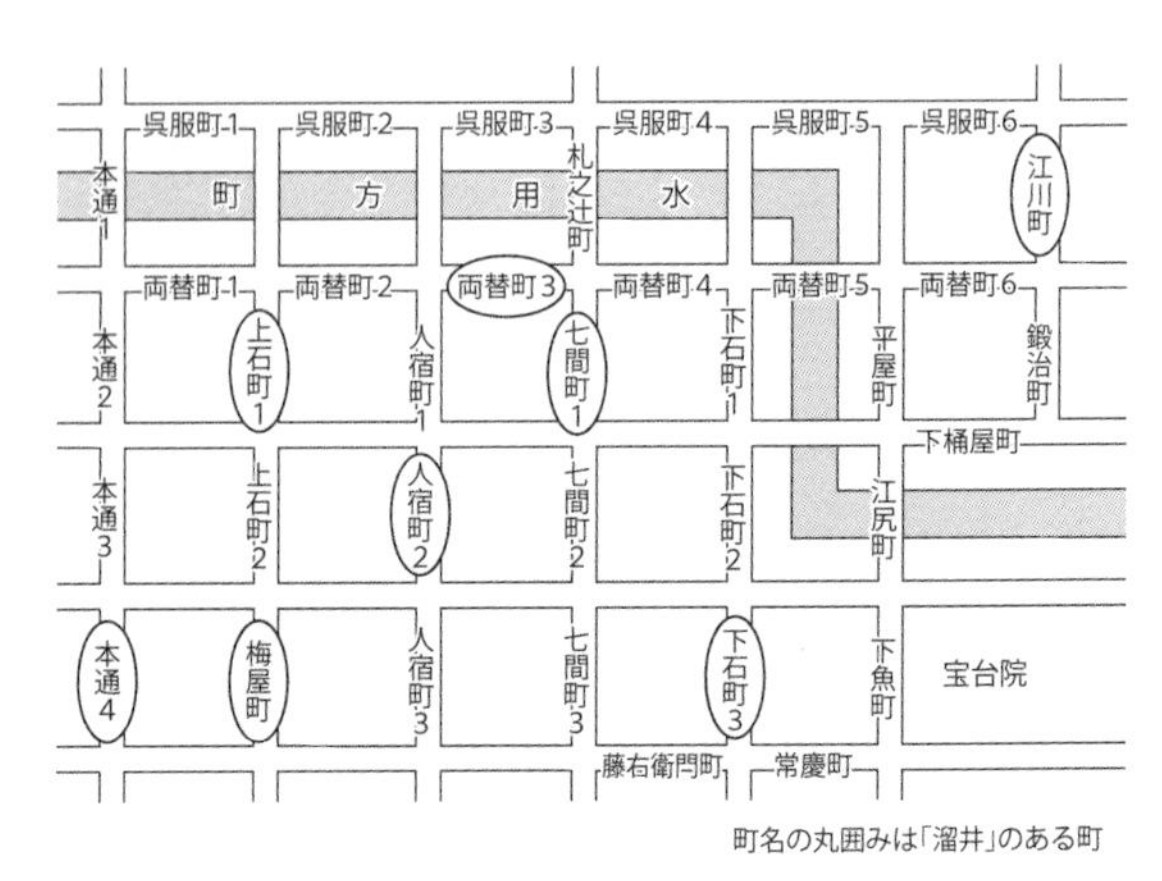

図5　碁盤目地区

郭にまとまって配置された。これは戦いとなった際、城下町を防衛するための配慮と思われる。

一般的に城下町においては武家地が優先的に用水を利用できるよう、幹線水路沿いに武家地が、支線沿いに町人地（市街）が配置された。駿府の場合武家地はあまり発達しなかったものの、ほぼ同様の傾向が見られる。市街において駿府用水は道と居住区とのかかわりの中で様々な景観を生み出した。

一番水門通過後の御用水

図6はいくつかの城下町絵図に基づいて作成した市街の駿府用水の流れである。御用水が一番水門を

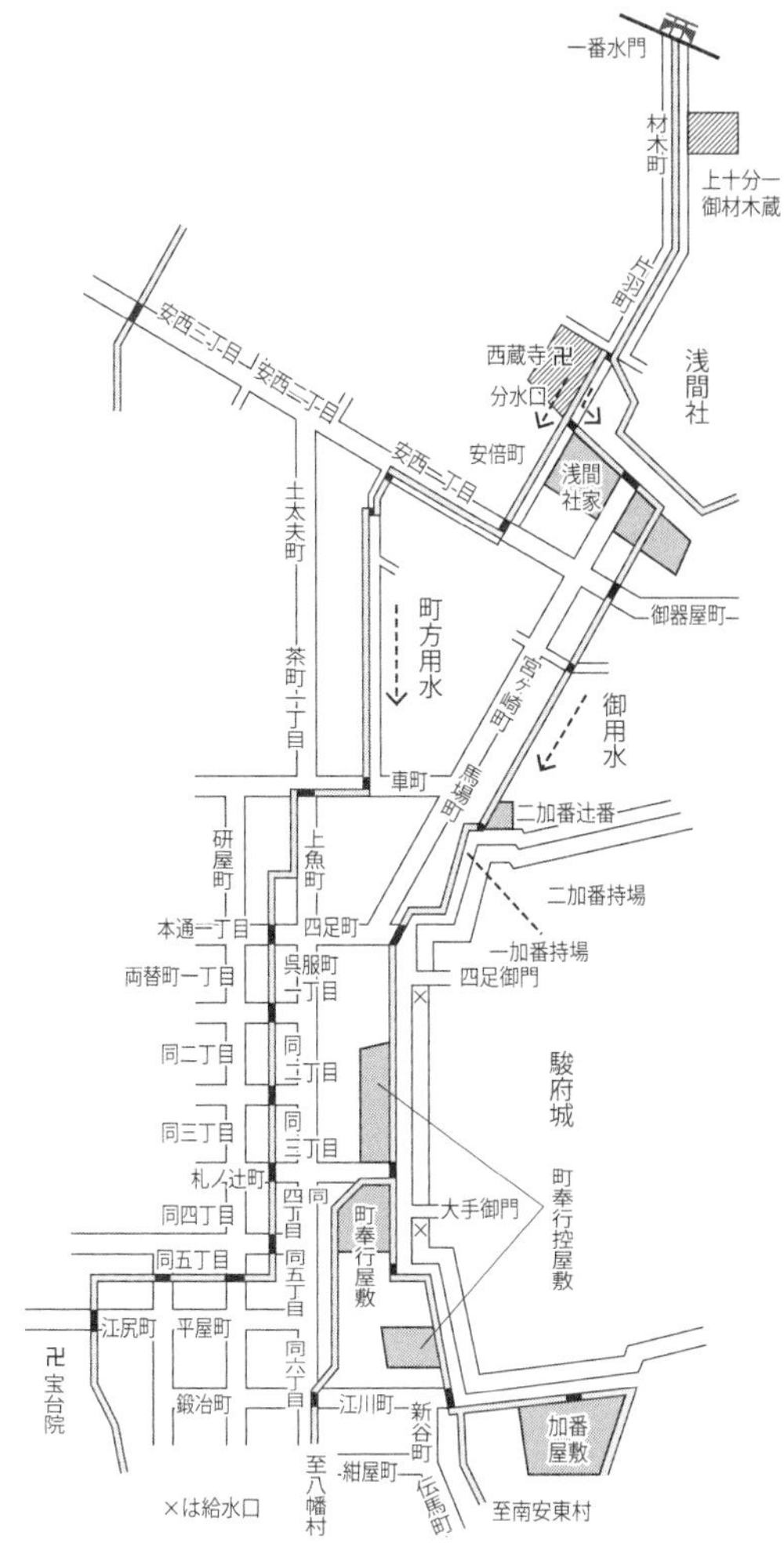

図6　市街の駿府用水　×は給水口

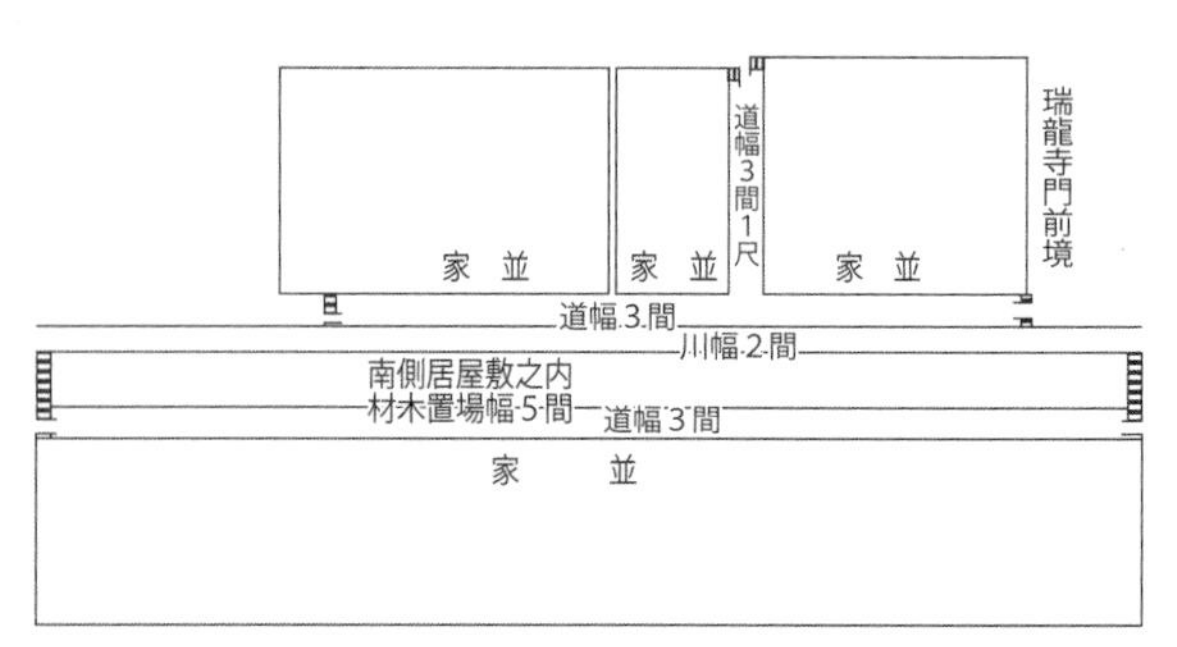

図7　材木町付近(静岡県立中央図書館蔵「天保13年材木町絵図」を基に作成)

通過した直後には駿府代官所管の上十分一御材木蔵が置かれていた。十分一御材木蔵は安倍川上流から切り出された材木、竹、杉皮などの木材量の十分の一を運上（税）として徴収、保管した施設である。ちなみに下十分一御材木蔵は安西五丁目に置かれていた。

市街の入り口に当たる材木町、片羽町では御用水は道の真ん中を流れている。材木町ではその名の通り、材木商が軒を並べていた。町では町並みを四間（約七・三メートル）後退させ、御用水によって運び込まれる材木を陸揚げして保管する場所を設けていた（図7）。

御用水は片羽町内で分岐。その支線は静岡浅間神社の境内を縁取りながら麻機沼に向かって北上する。この区間は現在でも開渠として残っており往時をしのぶことができる

写真10　静岡浅間神社前の用水　現況1

写真11　静岡浅間神社前の用水　現況2

（写真10）。水路を堰切って水位を上げ、境内の池に用水を引き込んでいる箇所も見受けられる（写真11）。用水は長谷の中ほどで左折して北安東方面に向かい、流末村々の農業用水として利用された。

一方、本線は社家、西蔵寺の前を通過し、安倍町付近で町方用水を分岐させる。分岐点では堰板によって水位を上げ、埋樋によって分水していた。埋樋は地中に埋められた導管である。樋口の幅は二寸（約六センチ）と定められ、分水量を制限していたようだ。材木町で二間（約三・六メートル）だった用水幅は町方用水分岐後、御用水の宮ヶ崎町裏で七尺から十尺（約二一～三メートル）、町方用水の車町、本通一丁目、上魚町でいずれも四尺（約一・二メートル）であった。

町方用水分岐後の御用水

町方用水を分岐させた後、御用水の本線は静岡浅間神社に面する社家の前を通過し、浅間神社の参詣道を横断したところで社家の間を右折。宮ヶ崎町、馬場町裏を流れ、三ノ丸堀（外堀）沿いの通りに突き当たる。この角に二加番辻番所があった。辻番所は武家の管理する警備施設である。用水は、そこから堀に沿って流れ、四足町前辺りから城の正面に出た。

手控には文化十年五月十八日、御用水が四足町の橋のたもとの土手を乗り越え、通り一面に溢れ出したとの記事がある。用水沿いに土手があったことは注目される。四足町近辺は戦後の再開発の結果、すっかり町並みが変わってしまった。ただ、現在の中町交差点地下道の上を御用水が通過しており、その分地下道が深くなっていることが確認できる。

写真12は大正初期の駿府城正面の様子である。ほぼ江戸時代と変わらない光景と思われる。三ノ丸堀は堀幅が広いため俗に「百間堀」と呼ばれ、堀沿いの大通りは「御濠端通り」「御曲輪通り」などと呼ばれていた。通りの左側に御用水が見えるが、この辺りの流れは特に「御堀端井川通」と呼ばれていた。御堀端井川通は現在大部分が暗渠となってしまったが、市役所前では一部開渠として整備されている（写真13）。ただし往時に比べ水路の幅はだいぶ狭い。

大御所時代は御堀端井川通に沿って有力大名の屋敷が軒を並べていた。しかし駿府城が番城

写真12　大正初期の城代橋付近(静岡県立中央図書館蔵)

になってからはその多くが「町奉行控屋敷」などと呼ばれ、町奉行所によって管理された。こうした敷地は半ば放置され、町人に貸し出されて田畑となったり、材木置き場となったりしていた。そのため周囲の生垣の手入れが行き届かず、生垣の草がしばしば用水の流れを妨げた。一方で御用水沿いに配置された町奉行所や加番屋敷では用水を邸内の池の水に利用していた。

御堀端井川通を流れる水は、埋樋によって御濠端通りを横断して堀に水を供給した。給水口は三カ所あったとされるが、史料で確認できるのは図6の二カ所のみである。大手御門手前の給水口については明治三十年頃の石版画（写真をもとにした手書きの絵）でも確認できる。ところで、現在かつての二加番辻番所前から堀への給水が見られる。御用水が最初に堀の間近に達する地点であることから、著者はここが第三の給水口ではないかと考えている。

御用水は堀に注いだところで本来の役目を終える。その後の御堀端井川通は流末村々に用水権のある新井用水と見なされていた。ただし、江川町最寄りの橋（鵰橋（くまたかばし））辺りまでは御用水と呼ばれていたようだ。用水はその後、伝馬町裏を経て、市街を離れる。

写真13　静岡市役所前の用水　現況

なお、駿府用水の構造であるが、遺構や断面図等が確認できていないため、両岸が石積みであること以外、正確なところはわからない。静岡の近代史に詳しい安本敏雄氏の御記憶によれば、御用水の深さは約二メートルで水深は約三五センチ、とのことであった。

町方用水

御用水から分岐した町方用水は安倍町、安西一丁目、上魚町、本通一丁目等を経由して呉服町、両替町に入る。図8は安倍町付近の様子である。中央を縦断しているのが安西通り（安西筋）である。用水は街区に沿って折れ曲がりながら流れている。

用水は安西一丁目に入ると道脇を流れる。この区間は昭和の初めまで開渠として残っていた。安本敏雄氏は子どもの頃（昭和七、八年）のこの辺りの風景について、「電車道を渡り少し行くと道路が急に広くなっている安西一丁目に出る。この道の右側に水路があって勢いよく流れていた」と記している。

用水はその後、茶町一丁目と上魚町の境で通りを横切る。ここには新五郎橋と呼ばれた橋が架けられていた。例書によれば用水に架けられた石橋の数は市街全体で四十カ町五十カ所であった。

呉服町、両替町では用水は表通りから姿を消し、両町の背中合わせの線（背割り線）に沿っ

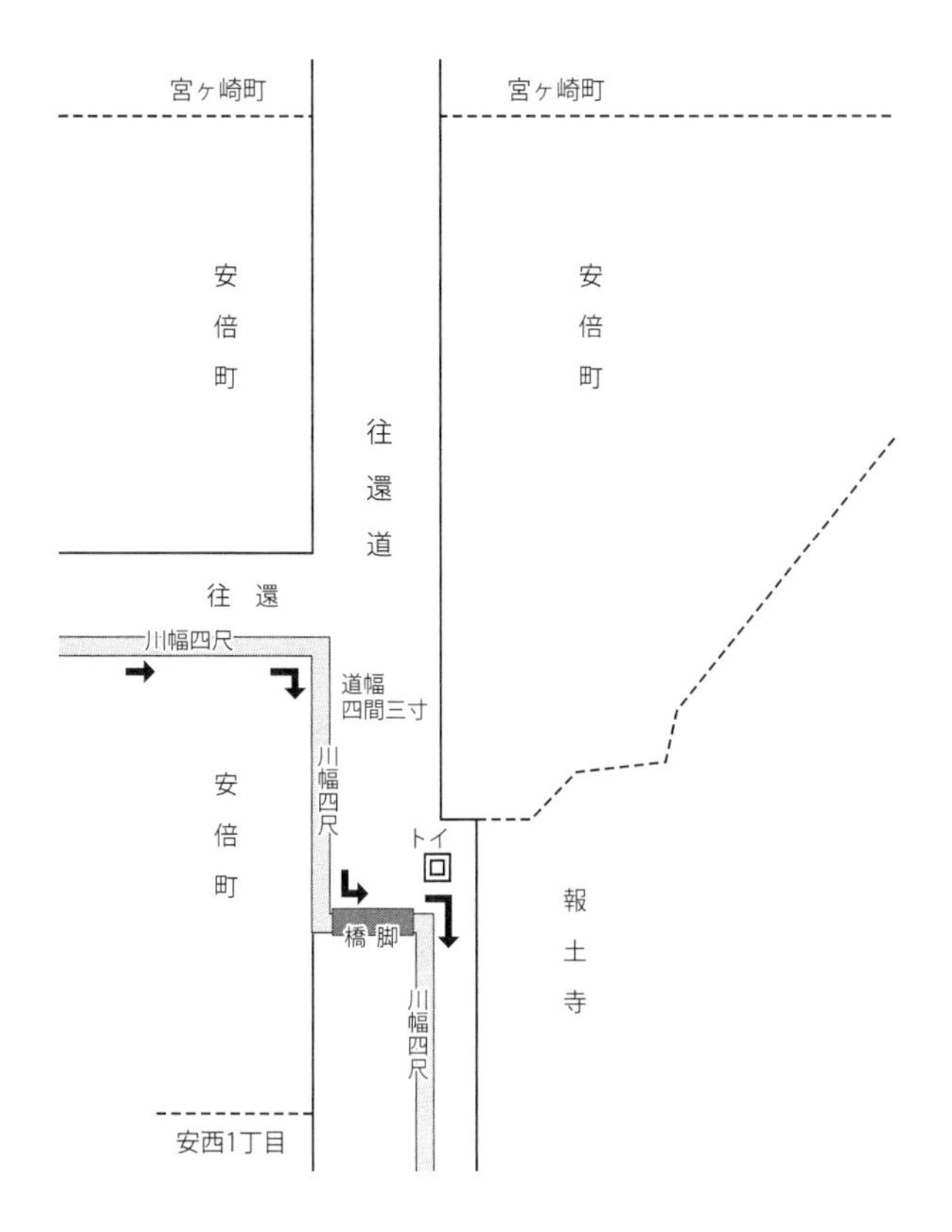

図8　安倍町付近
(静岡県立中央図書館蔵「天保13年安倍町絵図」を基に作成)

て流れている。家裏からの排水に配慮したいわゆる「背割り下水」である。背割り下水は太閤秀吉が大坂城下町建設の際に用いたもので、都市計画に初めて下水処理のしくみを組み込んだものと言われている。上魚町、呉服町辺りは大御所時代、後藤氏や友野氏といった豪商が屋敷を構えており、こうした商人たちに対する特別の配慮かもしれない。

用水はその後、平屋町、江尻町、宝台院横を経て、市街を離れる。御用水や町方用水の末端には紺屋町、鍛冶町、鋳物師町（市街西端）など汚水を発生させる恐れのある職人の居住区があり、用水管理上の配慮がうかがえる。

小溝

本書冒頭の『駿国雑志』の一節に見られるように駿府市街では町方用水から分れた小水路が道の両脇をくまなく流れていた。小水路は史料によって「溝」「小溝」「雨水吐溝」等と様々に記されているが、本書では、以下最もよく使われる「小溝」に統一する。

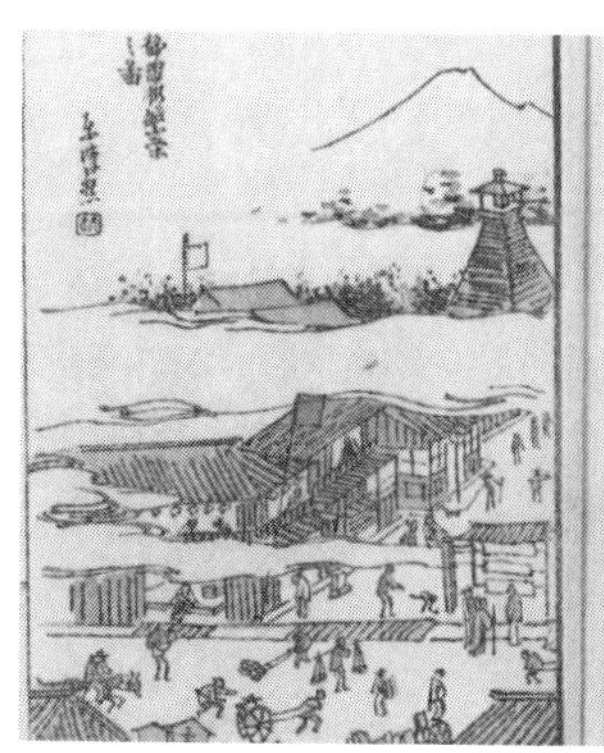

写真14　明治初期の札之辻(『駿河風土歌』)
画面左下隅に本来の高札場、上部に時之鐘が見える

図8には「トイ（樋）」の記載が見られるが、町方用水をこのような埋樋などによって小溝に分流させていたものと思われる。

著者が調べた限り江戸時代の絵や絵図の中で小溝は確認できない。あまりにありふれていて、かえって省略されたのかもしれない。文化三年、幕府によって作成された「東海道分間延絵図」には小溝に架けられた橋だけが何カ所か確認できる。

小溝自体が確認できるのは時代が下った明治七年刊行の『駿河風土歌』の挿絵（写真14）である。この挿絵は市街の中心である札之辻を描いたものである。札之辻は、現在の伊勢丹デパート手前の交差点で、高札場が設けられていたことからこの名がある。挿絵の下

写真15　大正初期の七間町通（静岡県立中央図書館蔵）

部を小溝が横断している。小溝は通りを横断する箇所や店先などでは蓋で覆われている。小溝が通りを横断するところに架けられた橋（蓋）は「小溝またぎの橋」と呼ばれた。享和四年の口達には「小溝等に橋がない町が多く、少なからず往来の差し障りにもなるので、絶えず小橋だけでも架けて、往来しやすくするように」とある。通りを横断する小溝の多くに橋（蓋）がなかったのは驚きである。写真15は大正初期の七間町通であるが、軒下に小溝が確認できる。

江戸では明暦大火後、町奉行所によって軒下の下水に木材で簀子（すのこ）状の蓋か橋を架けるよう命じられた。大火の際下水に蓋がなくて牛馬の通行に支障があったためである。「江戸名所図会」などでは軒下の下水には、たいてい簀子ではなく立派な石の蓋が描かれている。

小溝は公有地である道と私有地である家屋の境界線の設定にも影響を与えた。小溝と家屋の間の土地は本来道の一部であった。しかし小溝が雨水を受けとめるために庇(ひさし)に沿って作られていたことから、駿府の町人たちはこの部分を家屋の一部と見なし、次第に私有地として取り込んでいったのである。江戸時代には公有地に戻されたケースもあったが、地租改正の際には一般的に私有地として認められた。

横内川

駿府城の堀の水は駿府用水のみならず堀内の湧水によっても涵養されていた。幕末には駿府城清水門下の二ノ丸堀(中堀)で数十カ所にわたって湧水が見られたという。大正十一年(一九二二)九月に行われた市の調査でも本丸堀(内堀)、三ノ丸堀から毎秒二十八リットルの湧水が確認されている。

写真16　水落水門手前　現況

三ノ丸堀の北東から堀の水の排水路である横内川が発生している（37頁図4）。堀の水が川となる地点は落差があり「水落」と呼ばれていた。落水地点の水深はかなり深かったようだ。手前には江戸時代以来落水量を調整する水門が設けられていた（写真16）。落水地点周辺の石垣は落水の衝撃でよく崩落した。文化十年（一八一三）三月、水道方同心は横内川端の草刈りの際、用水の石垣の過半が川の中へ崩れ落ちているのを発見。「甚(はなはだ)見苦(みぐる)し」として、人足たちにその場で片づけ

図9　北街道・横内川と巴川

させている。文化十一年六月には崩れ落ちた石のため、落水が多い時は道にまで水が溢れ出ている。

横内川の川幅は約二間（約三・六メートル）。川沿いに土手があり、その幅は六尺（約一・八メートル）であった。川は東に向かって流れ、最終的に上土で清水湊から北上する巴川と接続する（図9）。途中いくつかの分岐があるが、最も大きな分岐は横内町手前である（写真17）。ここから分岐した流れは近代では堂川と呼ばれ、曲金方面に向かい、流末村々の農業用水として利用されていた。分岐点には川の水を一定の割合で振り分ける分流石があった。大正

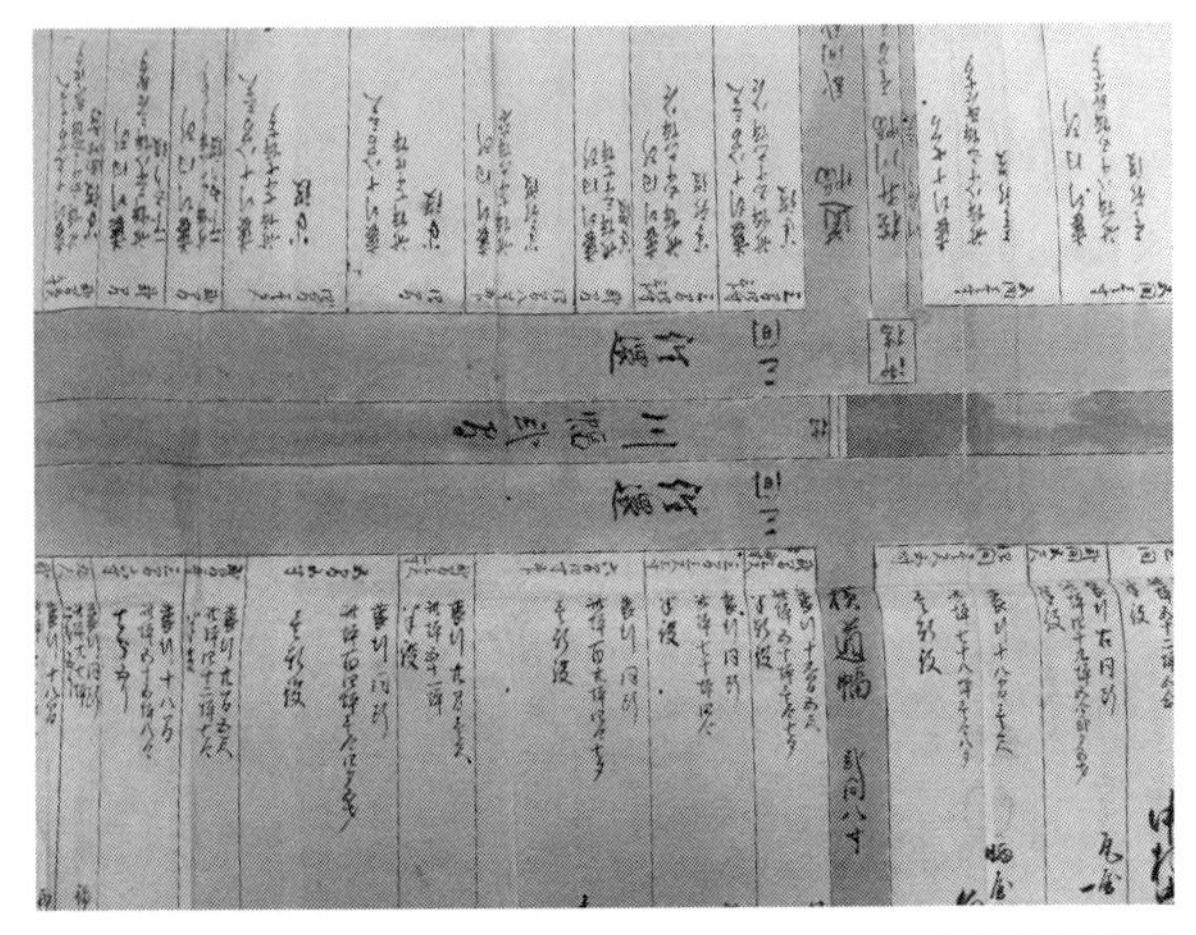

写真17　横内町付近（「天保13年 横内町町絵図」静岡県立中央図書館蔵）
横内川が道（「往還」）の中央を流れている。分岐点は画面中央やや右、「御橋」の文字が見えるところ。「横井…」が堂川。分流石があった地点には現在石碑が建てられている

初期の写真からは蕎麦屋安田屋の手前に「軍艦」と呼ばれた分流石が確認できる。分水の割合は、本流と分流で三対七であった。

横内川と絡むように北街道が走っていた。北街道は、水落から横内町市街を抜けるところまでは川の両側を走っており、川の上には多くの木橋が架けられていた。橋は通りに面した家がそれぞれ便宜的に架けたもので、その多くは丸太を半分にした粗末なものだった。横内町を過ぎると北街道は川の南側を走っている。その後沓谷大橋（め

がね橋）を渡ったところで川の北側に移動する。北街道は狭く曲がりくねっていたため、開渠であった頃は自転車で川に飛び込む者がよくいたそうだ。明治四十一年三月、北街道は改修工事によって直線道路に整備され、その後拡幅・舗装工事が進められた。それに伴い横内川は昭和の初めころ横内町内で、昭和三十年代には全ての区間で道路下の暗渠となった。

市街南部の用水

御用水の一部は一番水門を通過せずに駿府御囲堤に沿ってさらに南下。いくつかの水門を通過して市街南部に用水を供給した。例書には安西井、川辺井、中井の三つの水門名が記されている。しかし、駿府の絵図にはどれも水門は二カ所しか描かれていない（37頁図4）。しかもその名称は史料によって異なり、北の水門を「中井」、南の水門を「川辺水門」と記す場合もあれば、総称して川辺水門、安西井、勘六水門などと記す場合もある。本書では以下、便宜的に北の水門を中井、南の水門を川辺水門と記すこととする。

中井、川辺水門から取水された用水の流れは図４よりおおよそ確認できる。二つの用水は、安西四丁目辺りで間隔をあけて安西通りを横切る。その後、川辺水門から引かれた用水がすぐに二水に分かれる。中井から引かれた用水と川辺水門の一水は市街の手前で合流。しかし玄忠寺裏（大鋸町）で再び二水に分かれる。この二水はそれぞれ間隔をあけて本通、新通を横切り、いずれも川辺に出る。町絵図では本通、新通を用水が通過する際、両側に砂利上げ場が確認できる。川辺水門のもう一水は市街を南下し、見付の前を通って川辺に出る。中井、川辺水門から引かれた用水の幅はどこも一間（約一・八メートル）である。一番水門、中井水門、川辺水門から引かれた用水は市街を間隔を空けて並行して流れ、市街全体に漏れなく用水を供給した。

江戸時代以来「愛染川」と呼ばれる川がしばしば史料に登場する。愛染川は中井、川辺水門から取水された用水の一部と思われる。長さは五十間（約九十メートル）、幅は一間（約一・八メートル）であった。

コラム② 札之辻の木戸

江戸時代の城下町は身分によって居住区が異なっていたばかりでなく、町人地と武家地の境には木戸が設けられ、相互の通行を規制していた。駿府の場合も同様である。中でも札之辻高札場の裏手にある木戸は、市街の中心にあってとりわけ目立つ存在であった。木戸の規制は実際にはどのようなものだったのか。手控からそれを伝える二つの事例を見ていきたい。

①文化十一年五月二十一日、駿府市街を御茶壺道中の行列が通過することになった。御茶壺道中とは将軍御用の宇治茶を茶壺に入れて江戸まで運ぶ行列で、非常に権威があった。札之辻の木戸は行列の通過点にあたり、当日は加番役人が木戸を締切にして警固することになっていた。木戸の管理は町奉行所の役目であったため、与力は事前に水道方同心に開閉に支障がないか尋ねている。水道方同心が木戸の様子を確認したところ、木戸扉の鉄製の持ち手の部分が腐り、

差目釘も保てない状況であった。水道方同心は「少々見苦敷」ことながら取りあえず開閉に支障がないよう持ち手全体を縄で結わえ付けている。

②天保九年(一八三八)四月十日、札之辻町と呉服町一丁目から六丁目までの町頭が奉行所に出頭を命じられた。町方の子どもたちが立ち入り禁止のはずの札之辻の木戸を通り抜け、武家地側に度々入り込み、凧揚げをしていたためである。町々は文政十年(一八二七)三月にも同様の理由で叱られていた。町頭の証言によれば凧揚げには七町の他にも七間町一丁目、両替町三丁目、同四丁目の子どもたちも加わっていたようだ。

札之辻の木戸は実際のところ、ろくに手入れもされず、通行規制もなかったようだ。市街中心の木戸がこうした有様ならば、他の町人地と武家地境の木戸の実態も推して知るべしである。

第三章　用水を守る

本章では用水管理の主な担い手である水道方同心等の動きを通して、用水が実際にどのように管理されていたか、どのような問題を抱えていたか、などについて見ていきたい。

1　用水管理と水道方同心

駿府用水の管理者

大御所時代の後、駿府城は徳川頼宣（よりのぶ）、徳川忠長（ただなが）の居城となる。忠長の失脚後は番城となった。番城時代、城の管理の全体的な責任者は城代であり、その下に定番、在番、勤番、加番などの諸役人が配置されていた。加番は当初二人体制であったが慶安事件以降一加番から三加番までの三人体制となった。一方、町人地（町方、市街）は遠国奉行の一つである駿府町奉行によって治められていた。また、寺社地は江戸の寺社奉行、市街周辺の農村部（地方）は市街に屋敷を構える駿府代官によって治められていた。このように駿府の支配関係は非常に錯綜していた。

錯綜した支配関係はそのまま用水管理に反映された。用水の管理者は、水源から駿府御囲堤までと市街を外れた流末が代官、市街は町奉行（寺社地は寺社奉行）であった。三ノ丸堀周辺は城代であったが、実務的には三人の加番が持ち場（丁場）を決めて管理していた。手控には錯綜した管理体制が用水管理に支障をもたらした場面が見受けられる。

①文化十年（一八一三）五月十八日、御用水が四足町最寄りの橋のたもとの土手を乗り越え、通り一面に溢れ出し、通行人が大騒ぎとなった。橋脚にゴミがつかえたためである。たまたま巡回中の水道方同心がこれを目撃。早速町奉行所に戻り、上司の与力に報告するとともに、管理者である一加番に対応を促してはどうかと具申している。しかし、与力は「一加番の巡回役も状況を確認しているようなので、しばらく様子を見るように。非常に手間取るようならば、

程よく伝えるように」と歯切れの悪い指示を出している。

②文化十一年一月六日、駿府城代から町奉行に対し、堀へ流れ込む御用水が減っているが、町方への分水が多いのではないかとの申し入れがあった。この時与力は、真の原因は四足町最寄りの橋の橋脚に塵芥がつかえたことにあり、管理者である一加番の責任と考えていたようだ。そこで与力は水道方同心に対し、今回のようなケースで、過去に一加番の役人に掛け合った例があるかと尋ねている。しかし水道方同心は、一加番の役人に掛け合った例は過去にないと答えている。

管理者の間には、基本的に互いの持ち場については口出ししないといった暗黙の了解があったようだ。現代にも通ずる縦割り支配の弊害ともいうべきか。しかし大局的に見れば、次第に管理者の垣根を越えて用水管理は効率的になっていく。たとえば水道方同心が上流村々に用水を確保させる際、当初は村々を支配する代官所の承諾が必要であった。しかし、町奉行と代官による協議の結果、享保十八年（一七三三）秋以降、承諾は不要となった。また、四足町、江川町の橋下の浚渫は当初城代の承諾が必要であった。しかし宝暦十年（一七六〇）以降、これも不要となった。

一方で、代官支配の流末村々による御用水の浚渫や一番水門の修理の際には必ず水道方同心が立ち会っている。また、文化十二年三月十四日に駿府城代から一番水門の案内を頼まれた代官が、「水門の地所は自分の係りであるが、御用水は町奉行の係り」と答えており、結局水道方同心が案内する方向で話が進んでいる。用水管理は実質的に水道方同心が一手に担う体制になっていったようだ。

水道方同心

ここでは駿府用水を直接管理する水道方同心の奉行所内での地位や全般的な仕事内容、服務等について触れておく。駿府町奉行の下には上級役人である与力と下級役人である同心が置かれていた。元禄十五年（一七〇二）以降、与力の定員は八人、同心は六十人であった。与力、同心はいずれも世襲された。

同心は与力の下、水道方をはじめ「火事場方」「定廻り方」「宿場方」「川場方」などとして町政にかかわる様々な仕事を分担していた。水道方は定員二人。任期は原則三年。主な職務は次の通りである。

(1) 駿府用水及び関連施設の維持・管理に関すること
(2) 出火時の防火用水の確保に関すること
(3) 道、見付、高札場、木戸、夜番所などの維持・管理に関すること
(4) 家の新築・改築、看板の設置など建築規制に関すること
(5) 火消道具の整備、灰小屋の管理など火災予防に関すること
(6) 祭礼の巡視に関すること

その職務は駿府用水を中心に町のインフラ管理全般に及んでいた。なお、町奉行所内の水道方同心の下には執務のため「御用留」「御日記留」といった公文書が備えられていた。

水道方同心の扶持米は一日当たり二升（二人扶持）。文化八年の記録では年間百八十七日の勤務に対し三石七斗四升の扶持米が支給されている。支給時期は七月と十二月末の年二回、支給場所は紺屋町御蔵である。

手控の書き手である松山富右衛門は文化九年末に、町奉行所内の裁許の間において町奉行から水道方に命じられ、年明けより仕事を始めている。水道方の前は宿場方、火事場方を兼任していた。富右衛門の最初の相役は今井与左衛門であるが、文化十一年末に三輪良右衛門と交替している。文化十二年末に富右衛門は慣例に従い退任願を提出。その三日後に手控の記述は終わっている。年度末をもって富右衛門が異動となったものと思われる。その後の富右衛門の消息は不明である。

松山姓は駿府町奉行所内の同心に何軒か見られ、同族と思われる。駿府町奉行所の同心は、慶安の変以降、警備上の配慮から市街に分散して住んでいた。松山富右衛門は馬場町に居宅があり、その子孫は幕末に至るまで同心職を世襲した。

2　通水管理

日常管理

市街の用水は駿府城の堀の水や防火用水を確保するため、常に一定量の水が流れている必要があった。そのため水道方同心は日常的に用水筋を見廻っている。御用水筋については毎日、町方用水筋については正月から八月までは一斉掃除に合わせた月の上下旬の二回、火災シーズンの九月から十二月までは毎日見廻っている。市街には「新溝」と呼ばれる水路があり、九月から十二月まで防火用水を引き込んでいた。これについても毎日見廻っている。水道方同心は見廻りの際、ゴミ捨て禁止と小溝浚いの励行を町々に命じ、ゴミが溜まって通りに水が溢れていれば、最寄り町にゴミを取り除かせた。

水道方同心は与力の勤務日（「御用日」）に合わせて町奉行所に赴き、用水の現状を報告した。その際特に問題がなければ「御用水の水掛り方宜しく、町方では変わったこともなし」と決まった口上を述べている。

しかし、実際のところ用水を円滑に流すのは容易なことではなかった。手控には用水が路上に溢れた記事が散見される。享和四年の口達によれば、当時用水が浅くなり、小溝にも水が流れていなかったようだ。天保十四年（一八四三）五月には市街の目抜き通りである呉服町表通りの小溝に土砂が積もって道より高くなり、水が溢れ出している。

ゴミ捨て禁止も徹底しなかった。天明三年（一七八三）には御用水沿いの御器屋町、宮ヶ崎町、馬場町、四足町、呉服町通、江川町、新谷町、札之辻辺りよりゴミを持ち出し、川中に捨てる者がいた。そのため御用水が埋まり、流れが悪くなっている。嘉永五年（一八五二）八月には町方用水の流末に当たる江尻町通でゴミによって水が堰止められ、通りに水が溢れている。水車持が川上の芥留で取り上げたゴミを川下に捨てることもあったようだ。町奉行所では町方に対し、火除地などにゴミ捨て場を設けるよう命じている。火除地は、火災の延焼を防ぐために設けられた空き地である。しかし積極的にゴミ捨て場を設けるなどの措置までは取っていない。

水車、橋、排水路、排水口などの設置は用水の円滑な流れを妨げる恐れがあったため、町奉行所の許可が必要であった。手控にはこれに関連して興味深い記事がある。

文化十一年五月、御堀端井川通に堰が設けられているのが発覚した。堰は町奉行控屋敷を借り受けていた難波屋仁左衛門が控屋敷内の田に水を引くためのものであった。水道方同心は仁左衛門を呼び付け、城の正面という場所柄見苦しく、用水権のある流末村々からの抗議の恐れもあるとして堰を取り払うよう命じている。

用水減少時の対応

御用水が減少した場合、水道方同心はまず一番水門最寄りの材木町に水門を開かせて、必要な水を確保しようとした。それでも水が足りない場合は、市街に近い井宮村や籠上新田の名主に御用水上流の状況を調べさせ、必要に応じて御用水上流の「水上五カ村」(籠上新田、篭上村、松富村、福田ヶ谷村、下村)に安倍川からの取水を強化させた。31頁で述べた「堰揚」「井揚」である。水上五カ村に課せられたこの役目は水揚役と呼ばれ、村々は代わりに川越人足などの諸役を免除されていた。それでも水が足りない場合は、水道方同心自ら鯨ヶ池まで足を運び、近隣の村々に池からの取水を強化させた。以下、手控から御用水が減少した事例を見ていきたい。

①文化十年二月三日、御用水が減ったため、水道方同心は井宮村名主に理由を糺(ただ)した。名主によれば、水が減ったのは干ばつと福田ヶ谷村内の堤防工事の影響によるものだが、工事はまもなく終了する、とのことであった。水道方同心はその旨を与力に報告した。

②文化十年八月二十三日、夜から御用水が減ったため、翌朝水道方同心が井宮村に赴き、村役人に理由を糺した。村役人によれば、何者かが一番水門の上流の水門で水を止めたのが原因とのことであった。その後、村役人の対応により水の流れは回復した。

③文化十二年七月五日、御用水が減ったため、水道方同心は井宮村名主に理由を糺した。名主

に代わって対応した息子によれば、洪水によって堰上場からの水の流れ（「水筋」）が途絶えたことが原因で、現在名主が水上村々とともに水の流れを回復させているとのことだった（「堰揚」「井揚」作業のことか）。作業は順調に進み、翌日用水の流れは回復した。

④文化十二年八月十日、御用水が急に減り、やがて一切流れてこなくなった。事態が長引く中、水道方同心は町奉行から「いずれにしても御用水なしでは済まされない」と早急な対応を促されている。やがて上流の福田ヶ谷村が堤の工事のために御用水を堰き止めていたことが判明。水上村々の働きかけにより福田ヶ谷村は堰を切り払い、十二日の夕方、用水の流れは回復した。水道方同心は与力の指示により、福田ヶ谷村から他の四カ村に奥書させた詫び状を提出させた。

いずれの事例でも水道方同心は水上村々と連携して水の確保に努めている。しかし、①④などは第三章1で述べたように、安倍川左岸の治水に腐心する代官所と町奉行所との間で意思疎通が図られていないことが真の原因と考えられる。

市街南部の町方用水が減少した場合は、安西三丁目、同四丁目、同五丁目が中井、川辺水門を開いて用水を確保した。

3　浚渫（川浚い）

御用水・町方用水の浚渫

用水を円滑に流すためには、定期的に水を落として浚渫（しゅんせつ）（川浚い（かわざらい））をする必要があった。その作業は誰がどのように行っていたのか。表1は市街の駿府用水にかかわる浚渫の慣行をまとめたものである。

このうち市街の御用水（一番水門から二加番辻番所際まで）と町方用水（安倍町から江尻町まで）の浚渫は最も大掛かりなもので、毎年八月二十日頃、晴天の五日間を選んで行われた。駿府では例年九月頃から冬の火災シーズンに向けて防火対策を強化しており、浚渫もその一環

表1　駿府用水の浚渫慣行

川淩いの箇所	担当	時期
御用水（一番水門～二加番辻番所際）、町方用水（安倍町～江尻町）	水車持（社家、寺）、町方（自宅前後）	年1回（8月末の5日間）
四足町、江川町最寄りの両橋下	町方（各町の供出人数4人）	年3回（2、7、11月下旬の各1日）
中井、川辺水門から引かれた用水	町方（自宅の前後）	年1回（8月末）
流末村々に用水権のある区間 ※御堀端井川通（二加番辻番所際～江川町）など	流末村々	苗代播種（4、5月）などの時節に水が乏しい場合、随時

と位置付けられていたようだ。手控には文化十年から十二年まで三回の浚渫の記事があるが、以下文化十年を例に作業の手順について見ていきたい。

　八月二十日、慣例により宮ヶ崎町の水車持深江屋六兵衛が水道方同心の下を訪れ、御用水、町方用水の浚渫を予定通り始めてよいか打診している。六兵衛の役目は翌年材木町の水車持大村文蔵が引き継いでおり、水車持が順番でこの役を務めていたことがわかる。

　一方、この時期流末村々では代官に浚渫の延期を願い出ている。浚渫予定日が用水が必要な「出穂走最中（しゅっすいばしりさいちゅう）」（稲穂が出る時期）と重なったためである。これは暦によって生じる日付の誤差が原因である。結局、村々の願いに配慮して作業開始は九月四日に延期された。

八月二十一日、御用水等の浚渫に先立ち、水道方同心から年行事を通じて各町に小溝の浚渫が命じられた。年行事は町方の代表で、各町の代表である町頭が輪番で務めていた。作業は予定通り行われ、二十八、二十九日の両日、水道方同心は浚渫が済んだ小溝を見分している。

御用水等の浚渫前日の九月三日、水道方同心は町方、水上五カ村、御用水筋の浅間神社社家、西蔵寺に作業予定について伝達。町奉行からも駿府城代に堀への給水が止まる旨が直接伝えられた。

九月四日当日、朝五ツ（午前七時頃）に深江屋六兵衛、材木町水車持三人に率いられた人足と水道方同心両名が一番水門に集合。早速水を止めるため二枚の水門戸を下ろそうとした。ところが片方は川底まで届いたものの、もう片方は柱が水際で折れていたため、底まで届かなかった。こうした場合本来は水門戸の手前で水を止めることになっていた。しかし、洪水の影響で川底が深くえぐれていたため、結局水門戸の下に土俵を詰めて水を止めている。一方、一番水門に流れ込む新井用水と御用水については水門の手前に土俵を積んで止め、排水口を設けて安倍川や中井、川辺水門方面へ水を逃がしている。

用水が干上がるのを待って、九月六日四ツ（午前九時過ぎ頃）から作業開始。町方部分の水路は各町人が自宅の前後を浚渫し、社家、寺部分（宮ヶ崎町裏、浅間神社前）は水車持に率いられた人足たちが浚渫した。水車持が作業にかかわるのは、普段から用水の恩恵に預かっていたためであろう。浚渫作業は「水道の両側の根石（石垣の一番下に積む礎石）が出る程に」（享和四年の口達）徹底して行うよう命じられた。水道方同心はすべての浚渫場所を見廻り、問題のある場所は浚い直させている。市街の用水の高低差は微妙なため、川上を深く浚って川下を浅いままにしておくと、水が流れないばかりか逆流してしまう。そのため、水道方同心の指示に忠実に従うことが求められた。

町方部分の水路は初日に全て終了。社家、寺部分の水路は下流から上流に向かって、宮ヶ崎町・馬場町境、宮ヶ崎町裏、浅間神社前通りの順で作業が進められ、九月九日の七ツ半（午後五時半頃）すべて終了した。その後一番水門が開かれ、用水が引き入れられている。この時町方用水の分水口の堰板が水車持によって新たに作り直された。

文化十一年、十二年の浚渫については文化十年と手順の上で異なる点のみ触れておく。文化十一年の城代への事前連絡は本人が江戸に出て不在のため、駿府定番宛てに行われた。文化十二年は開始予定日に老中が駿府に滞在中で、その間御用水を十分に保つ必要があり、作業をいったん延期。老中の出立を待って作業を開始している。

浚渫によってすくい揚げられた土砂は、その後道の補修などに使われた。文化十一年、馬場町前通りは浅間神社の参詣道でありながら凸凹がひどく、通りにくかった。馬場町では町内に土取場がなかったため、四足町辺りまでの土砂を道の補修に使いたいと水道方同心に願い出ている。水道方同心はこれを許可するとともに、当該箇所が一加番丁場役、二加番辻番所の管理下にあったため、馬場町に代わって両者の了承を取り付けている。ところが馬場町前通りに盛土された結果、相対的に隣町の四足町の道が低くなってしまった。水道方同心は「見苦敷(みぐるしき)」として、四足町にも道の補修を命じている。

御用水、町方用水の浚渫に併せて溜井(ためい)(詳細95、96頁)につながる水路の浚渫も行われていた。また、中井、川辺水門などから引かれた用水も、御用水と町方用水の浚渫とほぼ同時期に年一回の浚渫が行われていた。こちらについては水道方同心は立ち会わず、安西三丁目、同四丁目、同五丁目が水門を止め、用水に面した町々がそれぞれ浚渫を行っている。

四足町・江川町最寄りの橋下浚渫

御用水に架かる四足町最寄りの橋と江川町最寄りの橋（鵰橋〔くまたかばし〕）は水路が折れ曲がる部分にあたるため（39頁図6）、第三章1①②（60・61頁）の例に見られるように、橋脚に塵芥がつかえてしばしば水が溢れた。そのため毎年二月、七月、十一月下旬の三回わたり両橋下の浚渫が行われている。この作業のための人足が各町四人ずつ割り当てられていた。文政七年（一八二四）、七間町では町入用のうち四百文を支出して人足二人を他町から雇い入れている。人足負担は金銭負担に代えられた場合もあったようだ。以下、文化十年二月二十四日を例に作業の手順について見ていきたい。

この日朝からあいにくの雨で、五ツ（午前八時頃）に水道方同心両人が作業実施の可否について相談している。その結果雨は強くならないと判断して実施を決定。一番水門を閉じ、水が減るのを待って四足町を通じて各町から人足を招集した。この時人足たちはそれぞれ鍬四挺、持籠二荷、竹箒二本を持参するよう命じられている。鍬は川床の土砂をすくったり川藻を切ったりするため、持籠は土砂を運ぶため、竹箒は川床に残った水を掃くために使ったものと思われる。人足の到着を待って作業開始。はじめに四足町最寄りの橋下、続いて江川町最寄りの橋下の浚渫が行われた。八ツ（午後二時頃）にはすべての作業が終了。一番水門が開かれ、用水が引き入れられている。

文化十年十一月に行われた浚渫の際には、一番水門を閉じても十分水が落ちなかったため、町方用水の分水地点に堰板を立てて御用水を止めている。

御堀端井川通の浚渫

駿府用水の中でも流末村々に用水権のある区間は村々によって浚渫が行われた。新井用水と見なされていた御堀端井川通もこれに含まれる。村々による浚渫は、苗代に種を蒔く時期や田植えの時期などに用水が足りない場合、村々の判断によって随時行われた。

手控には唯一文化十一年二月の御堀端井川通の浚渫の記事がある。この直近に浚渫が行われたのは文化五年である。その後土砂が用水に流入して水路が埋まり、水の流れが悪くなっていた。流末村々は文化十年に恒例の御用水、町方用水の浚渫に併せて浚渫を願い出ているが、この時は村々の事情で結局延期されている。

文化十一年二月二十三日、村々を所管する代官から城代、町奉行所へ具体的な作業の日取りが伝えられた。翌二十四日には当該村々（南安東村、有東村、八幡村、高松三カ村）が町奉行所宛に浚渫願を提出。二十五日、代官所手代に率いられた村役人、人足と水道方同心が一番水門に到着。九ツ（正午頃）に水門を止めた。新井用水と御用水も一番水門の手前で止められ、一番水門から洩れ出た水も片羽町、安倍町角で完全に止められた。一方で水道方同心は材木町、安倍町、水車持に対し、万一火災が発生した場合は急遽水門戸を開けるよう命じている。

用水が干上がるのを待って、翌二十六日朝五ツ（午前八時頃）より鵰橋から川上に向かって作業開始。翌二十七日、二加番辻番所までの作業を終了した後、八ツ（午後二時頃）過ぎより鵬橋から川下に向かって作業を再開。翌二十八日八ツに流末の南安東村境まですべての作業を終了。一番水門を開いて用水を引き入れている。

水道方同心は作業に立ち会うだけでなく、作業範囲を超えて問題のある箇所に直接手を入れている。二十六日には江川町町奉行控屋敷の生垣が水路に出張っていたため、代官所役人の了解の下、村方人足に刈り取らせた。新谷町、伝馬町裏通りでは川幅が広くなっていたため町役人に直させた。二十七日には町奉行控屋敷の生垣の枝が川中に垂れ下がっていたため、借主の難波屋仁左衛門の了解の下、刈り取らせている。また、四足町、馬場町役人に両町裏通りの浚渫と生垣の手入れを命じている。この日加番の丁場役人が終日浚渫の様子をうかがっていた。作業範囲が一加番の持ち場であったため、様子が気になったのであろう。水道方同心は挨拶程度で特に話はしていない。

これまで見てきたように、市街用水の浚渫は、管理者からの指示の下、町方、水車持、流末村々などがそれぞれの利害にかかわる場所を担当して実施された。一方、用水全体を見た場合、71頁の表1から明らかなように、結果的にすべての区間で漏れなく浚渫が行われるよう配慮されていた。水道方同心は基本的にすべての作業に立ち会い、全体的な調整を行っている。

三ノ丸堀の管理

駿府用水と関連して駿府城三ノ丸堀の管理の実態についても触れておきたい。先述したように三ノ丸堀の管理者は加番である。

三ノ丸堀も用水同様ゴミを捨てたり、魚釣りをしたりする者がいたようだ。享保二十一年（一七三六）二月、三ノ丸堀の脇に立てられた制札には「ちり芥捨てるべからず」「網を打ち魚を釣る者は罰を与える」と記されている。

三ノ丸堀の清掃は毎年一回三加番合同で行われた。文化四年の記録によれば、期間は五月十三日から五月二十日までである。その際には堀に筏（いかだ）を下ろし、加番の家来である与力、同心、徒目付、小頭、立番足軽など十三人が乗り込み、堀に浮かんだゴミを回収している。

4　関連施設の修繕等

水路等の修繕

用水の関連施設が壊れた場合、修繕は誰がどのように行っていたのか。

一番水門より上流の水門の修繕について、重要なものは公的負担、それ以外は最寄り村の負担と定められていた。手控には一番水門伏替（交換）の記事があるが、代官主導の下、公的負担によって行われている。市街では愛染川縁石垣と横内川端石垣の修繕は公的負担、小溝の修繕は最寄り町の負担と定められていた。以下、手控から小溝修繕の事例を見ていきたい。

①文化十年、呉服町一丁目表通りの小溝の溝縁石がすり減っていた。同年三月二十三日、町頭の小西源兵衛は水道方同心に対し、本来溝縁石（みぞぶち）を取替えるべきところだが、費用がかかるため、当面取置きの木蓋で用水を塞ぎたい、と願い出ている。水道方同心は水の流れが悪くならない

ことを条件に許可している。

②寺町四丁目新善光寺前通り下魚町裏は周囲より低い地形のため、度々小溝の水が通りに溢れ出た。文化十年五月、水道方同心は寺町四丁目と下魚町の町頭を呼び、この場所が両町境のため、互いに相談して溝縁を高くするよう命じている。

③文化十年十一月、四足町前の通りの小溝またぎの橋が破損した。水道方同心は町頭に仮修繕を命じている。

④文化十二年二月、呉服町三丁目難波屋仁左衛門が小溝またぎの橋を自己負担（「一人立自分入用」）で修繕したいと願い出た。札之辻の高札場から自宅までの約一間半の場所である。ここは町奉行所役人や加番が通行したり、駿府を通過する大名と町奉行所役人、加番が対面したりするなど駿府にとって重要な場所であった。しかし、橋が壊れて馬の通行などに支障をきた

していた。仁左衛門の計画は地面をならした上で溝縁石を取り替え、板の蓋をするものであった。町奉行所では小溝の修繕は本来最寄り町の負担で行うべきとしながらも、最終的には仁左衛門の願いを許可している。修繕は年末に完成した。

①②④に登場する溝縁石は、水路を形作る石で、水路に土砂が入ったり、水が溢れたりするのを防ぐ役割があった。①②③の事例は定められた通り最寄り町が対応しているが、④についてあえて仁左衛門が自己負担による修繕を申し出たのはなぜか。仁左衛門は当時本陣を務めており、要人通過の際、町方役人との対面の場として自宅を提供することもあった。仁左衛門の申し出はこうした役目柄の責任感によるものと思われる。

手控には愛染川埋樋を修繕した記事が見られる。文化十一年四月、水道方同心は修繕に必要な松の材木二本を十分一御材木蔵から調達するため、御材木蔵を管理する代官所にその旨を依頼。しかしあいにく御材木蔵には求める規格のものがなく、作業はいったん中断。六月頃、水道方同心が再び代官所に問い合わせたところ、直径が短いものならあるとのことで、規格を変更。六月二十八日、水道方同心が御材木蔵でこの丸太を受け取り、その場で修繕請負人の棟梁栄次郎に渡している。埋樋の修繕は七月四日の一日で終了。七月九日には与力が完成状況を確認。十月十五日、水道方同心は御金蔵から必要経費を受け取った。以上の経緯から愛染川埋樋の修繕は水道方同心の主導の下、公的負担によって行われていたことがわかる。

駿府用水について、この他の幹線水路や用水関連施設の修繕が誰によってどのように行われていたかはよくわからない。江戸では幹線水路の建設や修繕は公的負担、軒下の下水（駿府で言えば小溝）の修繕は最寄り町の負担と決まっていた。駿府用水の場合、明確な規定はないものの、江戸とほぼ同様であったと思われる。

石橋の建造・修繕

小溝またぎの橋が最寄り町の負担であったのに対し、用水に架かる石橋の修繕や新設は公的負担と定められていた。手控には用水に架かる八カ所の石橋の修繕と一カ所の新設の記事が見

表2　文化10年7～9月の石橋修繕

場所	内容	長さ	幅	見積額
弥勒町	新設	1間	2間4尺	金17両2分
伝馬町（西）	修繕	1間	3間	銀310匁7分
伝馬町（東）	修繕	1間	3間	銀717匁2分
上横田町	修繕	1間1尺5寸	3間5寸	銀480匁9分
下横田町	修繕	1間	2間4尺	銀386匁5分

られる。

八カ所の修繕のうち四カ所は、修繕の内容が部材の交換にとどまるもので、いずれも水道方同心が担当して個別に進められた。修繕の手順は愛染川埋樋の場合とほぼ同様である。

残りの四カ所の修繕と一カ所の新設は、橋の位置がいずれも東海道筋で、修繕の内容は石の差し替えに及ぶものであった。仕様は表2の通りである。石橋の幅がいずれも三間程度であるのに対し、当時市街を通過する東海道の道幅は六間か七間であった。石橋の幅が道幅に比してかなり狭かったことがわかる。修繕は文化十年の七月から九月にかけて一括して行われた。

この時の担当役人は町奉行所内から広く人選が行われ、与力三人、同心三人が選ばれている。同心三人のうち一人は富右衛門で、残りの二人は宿場方の者であった。富右衛門は工事期間中頻繁に現場に詰めて作業を監督している。修繕等を実際に請け負ったのは棟梁栄次郎である。最寄り町は手伝人足と富右衛門たちの休息所の手配を担当した。

以下、作業の経過について見ていきたい。七月十八日、山から切り出された石が現場に到着。二十一日、早速富右衛門たちが検分している。七月二十三日、下横田町の石橋から修繕開始。その後上横田町、伝馬町の順に作業が行われた。最初に取り寄せた石には不良品が混じっていたため、作業はとりあえず問題のない石を使って進められている。八月五日、流末の南安東村名主が稲穂が伸びる時期なので修繕に伴う用水の堰止めを解除してほしいと嘆願している。橋の修繕は用水にも影響を与えていたようだ。水道方同心が棟梁栄次郎に確認したところ、栄次郎は、もはや橋の上の作業に入っているので差し支えないと答えている。この後上横田町石橋の左右の柵も破損していたことがわかり、新たに作り直させている。八月十七日までに四カ所の修繕は完了。八月二十日に町奉行がそのすべてを見分した上で、「いずれも出来方もよろしく、日々大義」と富右衛門たち担当役人の労をねぎらっている。

最後に残った弥勒町の新設については規格に合う石が足りず、遠く伊豆にまで発注している。

その間、栄次郎は両岸の作業を進め、九月十二日に石が到着すると翌日からすぐに架橋作業を開始。その日のうちに作業を完了させた。石橋の表面は土で覆っていたようだ。九月十五日には担当役人立ち会いの下、町奉行が検分。この時は仮橋を取り払って堰止めていた水を流し、橋の前後を一時通行禁止とした上で、町奉行自ら橋を渡っている。一種の渡り初めであろうか。手控にはこの工事について公的負担を意味する「御修復」と記されているが、費用の一部を町が負担した形跡も見られる。

例書によれば「安倍町外石橋」が破損した場合、安西五丁目の牛飼が修繕することとなっていた。「安倍町外石橋」が市街のすべての石橋を指すのか安倍町をはじめとする一部の石橋を指すのかはわからない。牛飼は駿府の代表的な輸送手段である牛車を扱う仕事で、安西五丁目にまとまって住んでいた。石橋の修繕が牛車の負担とされたのは、牛車の通行が橋に大きな負荷をかけていたためと思われる。その証拠に文化十年九月二十一日に和泉小路の石橋が破損した際、水道方同心は牛馬も通らない道なので修繕は不要、と上申している。もっとも手控には牛飼が石橋を修繕した事例は見られない。

コラム③　夜番と夜番所

駿府の各町は防犯、防火のため夜番を置いていた。夜番は定刻になると拍子木を打って町中を巡回し、火の用心を呼び掛けた。夜番の定員は原則二名。安政六年（一八五九）呉服町二丁目の記録によれば、家ごとに交代で務めており（「軒割」）、商売の都合で主人が務められない場合は代わりに雇人を派遣することが認められていた。その場合人柄をしっかり確認することとされた。給金は町入用から出されていた。

町奉行所では夜番の役割を重視し、役人を巡回させて勤務態度を監督した。朝鮮通信使の通行を控えた明和元年（一七六四）三月四日、町奉行は年行事に次のように命じている。

「夜番人（夜番のこと）がいても寝て居て、起して間もなく戻ってきてみると又々ふせっている町もある。せっかく夜番人を差し出しても務めなければ意味のないものなのでお前たちから必ず申し伝えるように」

写真18　大正初期の札之辻付近(静岡県立中央図書館蔵)

夜番の中には真面目とは言えない勤務態度の者もいたようだ。

夜番の詰所は「夜番所」と呼ばれた。夜番所には纏（まとい）やはしごも保管されており、火事予防のみならず消防活動の拠点とみなされていたようだ。夜番所が破損した場合、その修繕は町の負担であった。

夜番所を移転する際には水道方同心の許可が必要であった。手控にはいくつかの移転願が見られる。そこから以下のような夜番所の立地条件が読み取れる。①四つ角など交通の要地②他の町の夜番所と補完し合えるような位置③町内への見通しの良い位置④火災発生を知らせる時の鐘や物音が良く聞こえる位置。夜番所の多くは小溝の上に建てられていた。これは小溝が公有地で、かつ通行の妨げにならなかったためであろう。

写真18では右手前の小溝の上に夜番所が確認できる。江戸では番所の簡易なものを「箱番所」と呼び、移動することができた。写真の夜番所はまさに箱番所である。夜番は静岡市内では戦後に至るまで見られた。

第四章　暮らしの中の用水

駿府用水は駿府城の堀の水や防火用水を供給するため、常に一定の水量が確保されていた。そのため用水は本来の用途以外にも幅広く利用された。たとえばかつて横内町辺りでは用水脇の石段を下りると､どこでも食器洗いや洗濯ができた。「幕府のもの」としてつくられた用水は、やがて「そこに住む人々のもの」となっていったのである。本章では人々の暮らしと用水のかかわりについて具体的に見ていきたい。

ところで、江戸の用水の主な用途は上水（飲水）であった。元来江戸は水の便の悪い土地柄で、そのために水源から市街まで四十三キロに及ぶ玉川上水を引かなければならなかった。これに対して駿府は安倍川の豊富な伏流水の恩恵により「駿府の各家はいずれも水が乏しいということはなく､どこに井戸を掘っても水が手に入らないということはない」（『駿河国新風土記』）といった状況で、自噴する掘抜井戸（被圧地下水を地表に汲み上げるために掘られた深井戸）

も数多くあった。そのため駿府用水には上水としての役割は期待されていなかったのである。

1　防火用水

用水・小溝による消火システム

市街で火災が発生すると、水道方同心の指示の下、材木町の人足が一番水門を開けて必要な水を確保した。中井、川辺水門にも日ごろ水門を管理していた安西三丁目、同四丁目、同五丁目から各三十一人、三十六人、二十人の人足が派遣されて水門を開いた。三町に課せられたこの夫役は「御用水役」と呼ばれていた。

水門が開かれると、町方用水の分水口を管理する安倍町の人足十六人が火元の水上に駆け付けた。人足たちは用水や小溝の要所要所を「水留町々」と呼ばれる最寄り町に指図して堰止め、火元へ水を集中させた。安倍町のこの夫役は「水堰役」または「水揚方」と呼ばれていた。御用水役や水堰役をつとめた町は、駿府の町々に漏れなく課された火消人足の供出を免除されていた。安倍町にはこの時使用する「水方御用」と記された幟と提灯が保管されていた。水留町々は、御用水沿いの宮ヶ崎町、御器屋町、町方用水沿いの安倍町、十太夫町、上魚町、研屋町、本通一丁目、札之辻町、両替町二丁目、両替町五丁目、中井、川辺水門から引かれた用水沿いの安西三丁目、安西四丁目、安西五丁目、西寺町、上大工町、本通七丁目の合わせて十六町である。

手控には文化十年閏十一月二十八日、唯一火災が発生した記事がある。火元は呉服町四丁目常盤屋半蔵宅であった。この時は水道方同心の指示でまず材木町の人足が一番水門を開いた。そして水道方同心自ら分水口に赴き、安倍町組頭、人足を指図して火元に用水を集中させている。

ところで用水は消防活動の中でどのように利用されていたのか。天和三年(一六八三)の大火後整備された駿府定火消の火消道具には「籠手桶」「内籠手桶」「水溜籠」などが見られる。水溜籠は竹籠に紙を貼り柿渋を塗ったもので、用途は手桶と同じである。火災の際は用水から手桶で水を汲み、現場まで運んで火にかけていたようだ。初期消火はともかく火が燃え広がってしまえばほとんど効果はなかったのではないか。当時の消防活動は、あくまで火元周辺の家屋を破壊して延焼を防ぐ「破壊消防」が主であり、用水による消火活動は補助的な役割にとどまるものであった。

文政四年（一八二一）に発足した火消のプロ集団「百人組合火消」は人力ポンプの竜吐水（りゅうとすい）を装備していた。しかしこれとて用水からの直接取水はできず、竜吐水の箱の中に手桶等で水を補給していた。

市内では明治三十三年（一九〇〇）、竜吐水や手押しポンプに代わって蒸気ポンプが登場する。蒸気ポンプは石炭を焚いてピストンを動かし、用水から直接水を吸い上げて放水することができた。放水まで十分や二十分もかかったが、その威力は竜吐水や手押しポンプとは比べものにならなかったという。大正元年（一九一二）辺りからはさらに機能を向上させたガソリンポンプが登場。その後、さらに消火活動を強化するために上水道の整備が進められていく。

溜井と天水胴桶

江戸時代、市街各所には「溜井（ためい）」と呼ばれる防火水槽があった。溜井は御用水などから水を補給していた。御用水に沿った溜井の形状はいずれも幅二尺七寸（約八二センチ）四方、深さ二尺七寸、御用水から溜井までの水路は幅一尺五寸（約四十五センチ）、深さ五寸（約十五センチ）であった。溜井や関連施設が一定の規格で作られていたことは、町奉行所主導で設置を進められたことを推測させる。

手控によれば溜井を有する町は七間町一丁目、両替町三丁目、上石町一丁目、本通四丁目、人宿町二丁目、梅屋町、八幡町、寺町三丁目、下石町三丁目、寺町二丁目、安倍川町、江川町、宮ヶ崎町、土太夫町の十四町であった。38頁の図5からは、該当する町が御用水、町方用水から比較的離れており、なおかつ市街に分散していることがわかる。溜井は防火用水の確保が難しい地区に設けられていたようだ。

ちなみに江戸にも「溜井戸」と呼ばれる防火水槽があった。溜井戸は「火の用心井戸」とも呼ばれ、幕府の指示によって設置が進められた。溜井戸は各町の両側に掘られ、玉川用水などから水を引いていた。

文化元年（一八〇四）、駿府町奉行所では各町に対し、溜井を埋め立て、代わりに「天水胴桶」を設置するよう命じている。溜井が廃止された事情はわからない。ただ、現在伝えられる年代不詳の絵図には「溜井枠の戸が落ちた」「溜井水道枠が戸とともに朽損」等の記載があり、老朽化が進んでいたことがうかがえる。

天水胴桶は天水桶とも言われる。寛政六年（一七九四）三月の呉服町一丁目の町内申合せには「風の激しい時は各家で天水桶を揚げ置くように」とあることから屋根の上に置かれていたようだ。普段から雨水を溜めておき、火災の際、屋根へ火が燃え移らないようにその場でまき散らしたものと思われる。天水胴桶は冬の火災シーズンに備え、水道方同心の指示によって文化二年以前は毎年十月四日、それ以降は九月二十一日に設置された。文化十年、水道方同心は町中の天水胴桶の設置状況を調べた上で、近年数が減っており、町人たちの防火意識が薄れていると注意を促している。

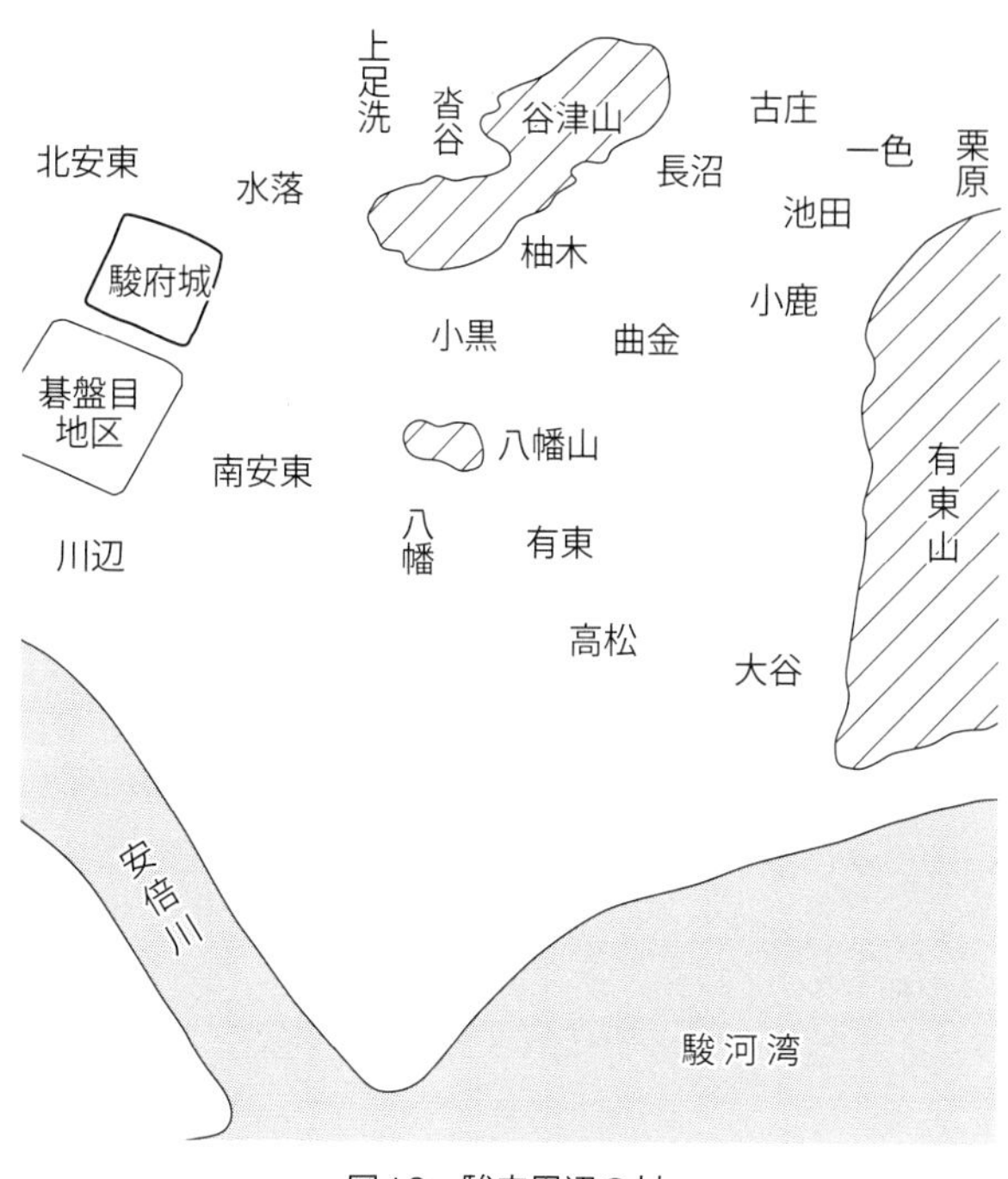

図10　駿府周辺の村

2　農業用水

駿府用水は流末の村々では農業用水として利用された。以下、大谷地区を例に流末村々の立場から駿府用水の意義について見ていきたい。

大谷地区は市街の東南、有度山西麓、駿河湾ほど近くに位置する（図10）。元来水の便が悪い土地柄で、安定した用水の確保が地区の悲願であった。地区で伝えられてきた「久能御神領大谷三カ村井溝先例控帳」（貞享元年十一月作成、安政六年写）によれば、同地区は江戸時代の初めに安倍川から用水を引いていたが、その供給は不安定であった。そこで地区では近くに溜池を掘る一方、駿府代官に嘆願して横内川から取水することを認めてもらった。その際水路を南安東村地内に掘削したため、それ以来地区では南安東村に毎年米二俵を納めるとともに、横内川の浚渫や橋の修繕等に人足を出すこととなった。

これらの負担は地区にとって決して軽いものではなかったが、見方を変えれば用水権を保障する行為ともいえた。「久能御神領大谷三カ村井溝先例控帳」は大谷地区にかかわる用水権の歴史的根拠を後世に伝える役目を担っていたのである。いずれにしても駿府用水の流末には大谷地区のように駿府用水によって初めて自立できた村が数多く存在していた。

新井用水や横内川（三ノ丸掘）を利用している村々は町奉行所の書類の中で確認することができる。新井用水については「北安東、南安東、八幡、有東、小黒、高松三カ村」（「御堀江掛り候水の事」）などの名が見える。「高松三カ村」とは高松村、宮竹村、敷地村の総称である。

横内川（三ノ丸堀）については、史料によって若干異なるが「一色、栗原、南安東、曲金、柚木、長沼、古庄、池田」（「御堀江掛り候水の事」）「一色、栗原、小鹿、南安東、小黒、曲金、柚木、長沼、古庄、池田」（例書）などの名が見える。町奉行所の書類の中に村名が記されていることは、これらの村の用水権が公認されていたことを示している。村々の用水権はやがて近代へと引き継がれていった。

3 下水

用水・小溝による汚水処理

生活の中では様々な汚水が発生する。都市の生活環境を保つ上で、汚水処理は今も昔も重要な問題である。駿府の場合、江戸時代初めにその役割を担ったのは「会所」であった。会所は碁盤目地区の各ブロックの中央部に設けられた共有地で、各家の裏手に当たる（図11）。江戸

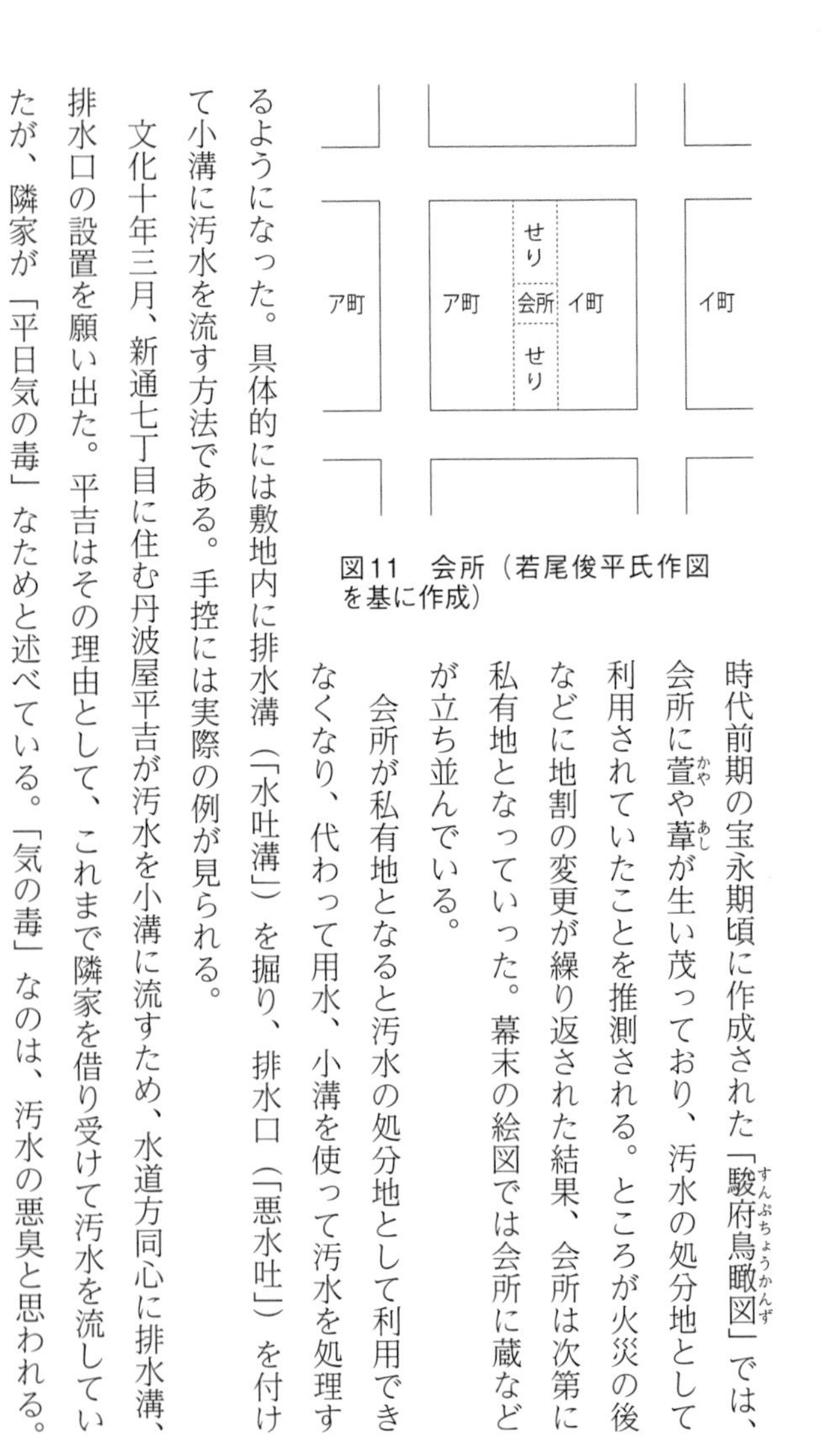

図11　会所（若尾俊平氏作図を基に作成）

時代前期の宝永期頃に作成された「駿府鳥瞰図」では、会所に萱や葦が生い茂っており、汚水の処分地として利用されていたことを推測される。ところが火災の後などに地割の変更が繰り返された結果、会所は次第に私有地となっていった。幕末の絵図では会所に蔵などが立ち並んでいる。

　会所が私有地となると汚水の処分地として利用できなくなり、代わって用水、小溝を使って汚水を処理するようになった。具体的には敷地内に排水溝（「水吐溝」）を掘り、排水口（「悪水吐」）を付けて小溝に汚水を流す方法である。手控には実際の例が見られる。

　文化十年三月、新通七丁目に住む丹波屋平吉が汚水を小溝に流すため、水道方同心に排水溝、排水口の設置を願い出た。平吉はその理由として、これまで隣家を借り受けて汚水を流していたが、隣家が「平日気の毒」なためと述べている。「気の毒」なのは、汚水の悪臭と思われる。

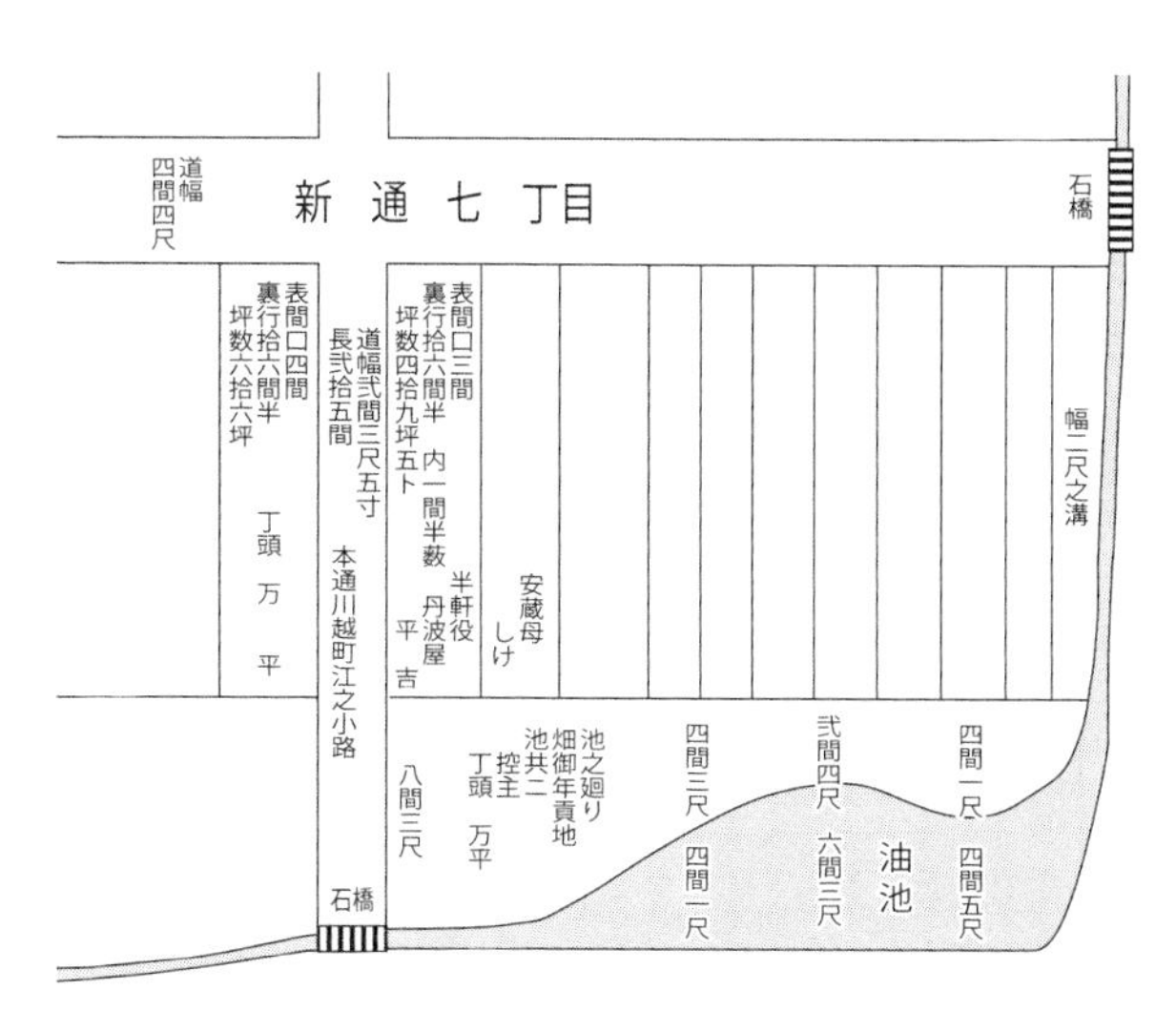

図12　新通七丁目付近（静岡県立中央図書館蔵「天保13年新通七丁目町絵図」を基に作成）

平吉の屋敷裏には油池（図12）があるが、池の名は長雨の際、最寄り町々から水が流れ込み、「溢れ池」と呼ばれたことに由来するという。このことから汚水の垂れ流し先は油池と推測される。

平吉の願いに対し、与力、水道方同心は、排水口を一カ所設置した程度で小溝が溢れるとは思えず、町内や隣町にも支障はないとして、排水口を浚渫することを条件にこれを許可している。排水溝、排水口の設置はその年の十月七日に完了した。なお、平吉と道を隔てた隣に住む町頭の万四郎（図12では相続人と思われる万平の名が見える）も既に横町を流れる小溝に排水口を設置していた。

当時の排水口には町奉行所の指示により枡形（排水枡）が取り付けられていたようだ。枡形は排水量を調整したり、汚れを取り除いたりする装置である。

ちなみに江戸の町にも会所が存在していた。当初は駿府同様に汚水の処分地として使われていたようだ。しかし、江戸の町奉行所では会所を空地として確保しておくためゴミや汚水の処分を禁じた。その結果下水の整備が進んだという。

大雨と用水

用水と小溝には汚水処理とともに雨水処理が期待され、小溝は「雨水吐溝」とも呼ばれていた。しかしその機能は極めて不十分なもので、近代に入ってさえ一度雨が降ると雨水が道や水路に溢れ、一面の泥海になることもしばしばであった。著者は安本敏雄氏から直接次のようなお話を伺っている。

「昭和元年ころ一家は住吉町（江戸時代の安西筋西側の明屋敷の一角）の中心柳小路付近におりました。表の入り口に小溝があり、ちょっと大雨が降ると溝が溢れ小さな木橋が流されました。母が玄関内の土間から竹の竿で木橋を押さえていたこと、雨が上がったころ近所のオバサンたちが、橋が流れたので拾いに行ったが随分遠くまで流されていた、主人に杭でも打って貰わなきゃあ、と言って、橋をブラブラ下げ帰っていく姿を覚えています」

住吉町にほど近い葵町では用水が道路脇を流れており、各家の入口に木橋が架かっていた。大雨が降ると橋が流されないように取り外したが、橋が流されて外に出られないこともあったという。川と道との境がわからず、川に落ちて流される人も多かった。

安本敏雄氏は著書の中で大正三年（一九一四）の大洪水時の様子について御母堂から聞いた話を紹介されている。この時御母堂は静岡浅間神社に避難するため、幼い子どもを連れて増水した御用水を片羽町付近で渡った。以下、その部分の引用である。

「普段は何十条もの橋が架かっているのに、いずれも流されたのか、水面下に沈んでいるのか見当たらない。少しずつ下流に向かって歩きながら橋を捜す。（中略）橋の中程辺りの一番そり返った部分が、流れの中に見え隠れしている。先を進んでいた人たちもこれを見つけて、一人二人と渡って行く。（中略）一歩また一歩、全神経を足の下に集め、神仏を念じつつ渡り始める。ちょっとでも足を滑らせたら、子供たちと一緒に流される。足がすくんでなかなか進めない。時間をかけ、やっと向こう岸に辿り着いた。たった二間（約三・六メートル）が十間にも二十間にも感じられた」

汚水、雨水などの処理は明治以降特に大きな問題となり、下水道整備が進められていく。

大震災も当然のことながら用水の流れに深刻な影響を与えた。安政の大地震の際駿府に逗留していた伊勢神宮の御師安田賎勝は、用水近辺の家屋が倒壊して用水を堰き止め「往還海のごとし」と記している。

4　生業を支える用水

水車

駿府用水は水量豊かな上に、市街の高低差が十六メートルもあるため流れも速く、水車の設置に適していた。水車の主な役割は米・麦搗きであった。農村では水車は共有され、村人が交代で搗いた。一方、市街では江戸時代以来水車を保有する専門業者が存在していた。

水車を設置しようとする場合、まず水道方同心に打診し、その下調べを経て正式に町奉行所へ許可願を提出。その後改めて与力、水道方同心の調査を受け、支障がなければ許可となった。以下、手控から水車を設置した二つの事例を見ていきたい。

①文化十年二月三日、材木町の穀物商大村屋文蔵、小沢屋平十郎、羽鳥屋留八の三人が水道方同心に水車の設置を打診した。三人は米麦搗売を生業としてきたが、近年雇人の賃銭が高騰し

たため、代わりに水車を導入しようとしたものである。工事計画は、御用水沿いの材木置き場（40頁図7）に長さ約十二、十三間（二十二～二十四メートル）、幅三尺（約九一センチ）の水路を掘り、御用水に堰板を入れて水路に分水、水路の先に縦三間一尺（約五・八メートル）、横三間半（約六・四メートル）の水車小屋を設けるというものであった。

願いを受けた水道方同心は、水車を設置することで町内、隣町、用水沿いの町々、流末の村々、既存の水車持等に支障が生じないかを三人に確認させている。水車の設置に伴って作られる堰や分水路によって水の流れが悪くなったり、水路が破損したり、水が漏れたりする恐れがあったためである。確認の結果支障がないことがわかり、三人は三月十六日付で町奉行所宛てに正式に図面を添えた許可願を提出している。

その後与力、水道方同心は提出された図面をもとに、改めて現地を実測、調査。この時与力は最寄り町から支障がない旨を改めて書面で提出させている。さらに三人は、水車小屋まで箱樋を仕立てること、堰板は材木流しの際は取り外すことを約束している。箱樋とはコの字型の樋のことである。

四月九日、正式に設置許可が下りた。水車が御用水沿いに設置されたため、町奉行は城代にもその旨書面で知らせている。二カ月後に水車は完成。水道方同心と与力は早速現地へ出向き、三人が提出した絵図面と実物を照らし合わせ、実際に米を搗かせて、その状況を検分している。

②文化十一年十月十四日、安西四丁目橋本屋伊兵衛は飯米麦等を搗く賃稼ぎのため水車設置を水道方同心に打診した。工事計画は、縦三間二尺（約六・一メートル）、横三間五尺（約七メートル）の既存の水車小屋を修繕するとともに、隣家の屋敷裏を借りて用水から水車に向けて幅二尺五寸（約七十六センチ）、長さ十八間（約三十三メートル）の水路を掘るものであった。

水道方同心は以前水車を設置した際に必要な調査は済んでいるとして、下調べを省略。すぐに伊兵衛に許可願を提出させた。十一月六日に与力、水道方同心が現地を調査。この時水道方同心は伊兵衛に町内、隣家に支障が生じないかを改めて確認させている。その後与力は水道方同心に周辺村々への影響について尋ねているが、水道方同心は以前の水車設置の際すべて了承済みで問題はないと答えている。十一月九日に正式に設置許可が下り、水車は翌年六月に完成した。

この他手控には文化十二年十一月二十九日、士太夫町の幸吉が本通六丁目に設置された水車の修繕をしている事例が見られる。天保十四年（一八四三）、市街の水車は九カ所。内七カ所が稼働していた。内訳は、材木町二カ所、宮ヶ崎町二カ所、安西四丁目一カ所、本通六丁目一カ所、八幡町裏一カ所である。駿府用水が暗渠となるまで水車は用水沿いに数多く設けられた。特に明治期の製材用水車の導入は市内木材産業発展の基盤となった。

染物等の水洗

現在の静岡市街の中心部に紺屋町という町名がある。この町名の歴史は古く、既に寛永年間に「こんや町」の名が見られる。駿府のまちには古くから紺屋が多かったようだ。明治十七、十八年頃の市街の紺屋は五十三軒に上っている。

紺屋は藍染めを専門とする職人で、型染めした糊を落とす際に用水で水洗いした。稲葉昌代氏によれば明治二十年代、伝馬町の紺屋松本家では作業小屋のようなものを用水上に設けており、その使用料は年七十銭であった。戦前には横内川沿いに手拭の紺屋が四、五軒あり、川には藍で模様が描かれた白い木綿のさらしの布が何本も流れに揺らめいて壮観だったという。

横内川沿いには和紙をつくる紙漉屋(かみすきや)も多かった。紙漉屋では煮詰めた原料からアクを洗い流す際に用水を利用した。西千代田の平沢新作氏は「今の巴町あたりには、紙すき屋が五、六軒あって、川で紙の原料を洗って、朝早くから水かきの音がけたたましく、人目をさますのが常であった」と回顧されている。

通船計画

江戸時代、主な物資の輸送手段は船であった。駿府の町は港がなかったため、必要な物資は最寄りの清水湊で荷揚げし、駿府市街まで陸送しなければならなかった。陸送の方法は二つあり、一つは牛車で直接市街に運び入れる方法、もう一つは清水湊から川船で巴川をさかのぼり、上土から牛車に積み替え、北街道を通って市街に運び入れる方法であった（53頁図9）。若尾俊平氏の調査によれば天保十二、十三年の荷数の割合は前者が九割強、後者が一割弱であった。

先に述べたように三ノ丸堀を起点とする横内川は上土で巴川に接続していた。横内川の川幅を広げれば清水湊から陸送せずに直接駿府市街に物資を運び込むことができる。そのため、江戸時代を通じて横内川の改修計画が何度も企てられた。

慶長十二年（一六〇七）駿府築城の際、家康は通船のため横内川の改修工事に着手するが、工事は一日で中止。正徳二年（一七一二）には駿府城修復の石垣を運び込むため横内川に船を通したが、あくまで一時的な措置であった。その後、延宝、安永、寛政の三度にわたり通船による利益を期待した横内町等の商人たちによって横内川の拡幅計画が立てられた。しかしいずれも周辺の村などの反対で実現しなかった。

天保期に入ると幕府自ら横内川の改修に本腰を入れる。この時の計画は大掛かりなもので、横内川の川幅を広げたり川床を深くしたりするだけでなく、駿府用水の水量を増やすため川幅を広げたり、巴川を改修したりする内容も含まれていた。

天保十四年（一八四三）五月以降は幕府普請役、勘定所の役人が現地入りし、直接計画を進めている。しかし村役人たちは工事によって農業用水、飲水が不足し、田地が潰れるとして反対。輸送業者である牛飼たちも職を奪われることを恐れて反対したようだ。一方で用水沿いの上足洗、下足洗、沓谷の三カ村は通船による利益を期待して運送船の新造と船溜まりの設置を願い出ている。

六月になると工事予定地、工事請負人が決定。工事は予定通り進むかに見えたが、十月に入り突然中止される。理由はわからないが、工事は水野忠邦の天保改革の一環として進められていたため、水野の失脚とともに頓挫したようだ。

工事中止の通達はすぐには現地まで届かず、弘化元年（一八四四）正月に上土村のおよそ二百四間（約三百七十一メートル）の掘割と石垣が完成している。横内川が開渠であった当時、上土辺りでは川が急に深くなる箇所や積み散らかした石など、工事の痕跡が見られたという。

近代に入り、横内川では拡幅工事は行われなかったものの、通船の便は良くなったようだ。

横内川から巴川への乗り入れのしくみも整備された。具体的には横内川を通る船が巴川の合流点に近づくと厚い板二つでつくられた堰があらわれ、川の前後を堰いで水位を上げ、巴川に乗り入れたと言う。合流点には巴川をさかのぼる船の荷上場などが設けられ、近郷の中心として栄えた。

5　用水に親しむ

昭和三十二年(一九五七)、横内町沿いの太田町では町制三十年を迎えて記念誌がつくられた。そこにはかつて開渠であった横内川を偲ぶ多くの文章が寄せられている。その中で田中重雄氏は以下のように述べている。「昭和の初期までは北街道の中央に小川(横内川)が流れ、水量も豊かで鮒、泥鰌、鰻等いて魚をとる人、川岸で覗き込んで見る人、橋の上に涼台を出して体一杯涼風を浴びて碁、将棋の興に入り、時の過ぐるのも忘れる程の豊かな平和な町で有りました」。水門脇で生まれたという小泉恒氏も「横内川慕情」と題する文章の中で以下のように述べている。「私は此の川を目の前にして育ったので、川に対する慕情は未だに去り難いものがある（中略）川で泳ぎ、盥（たらい）に乗って流れ下って遊んだ事など思い出は尽きない」。用水と人々との間には生活、生業の枠にとどまらない豊かなかかわりがあった。

　近代以降の記録によれば、片羽町、安西一丁目、横内川などでは街路に沿った用水の脇には柳が植えられ、町並みに風情を添えていた。

　横内川に限らず駿府用水の中には豊かな生態系が育まれ、魚釣りを楽しむ人も多かった。御用水ではウナギ、シジミ、フナなどが捕れた。愛染川も水がきれいで水量豊かであったため、アユ、ハヤ、ウグイ、フナ、ウナギ、ドジョウなどがいた。横内川でも先に述べた魚のほか、コイ、エビ、コザカナ、カニ、モロゴ、ハヤなどがいて、時にはアユが巴川をさかのぼってきた。台風シーズンや大雨が降ると堀の水嵩が増すため、水門が開かれて堀にいる魚がどっと川に流れ下ったという。

　入梅時の夕暮れ時、用水沿いにはどこも蚊トンボの大群が現れ、道を歩くにも顔に当たって歩けぬほどであった。蚊トンボは体長二センチくらい。体は黄色と黒のだんだら縞で尾に二本の長いひげがあった。別名「正雪とんぼ」と呼ばれたり、今川義元の妄念と言われたりした。これをタモですくって「蚊針釣り」の餌にしたそうだ。蚊針釣りとは水面に来る虫を捕食する魚の習性を利用した魚釣りの技法である。

何より用水は子どもたちの格好の遊び場であった。子どもたちは横内川でボッタイ（小魚釣りのタモ）のほか、モヂリ（竹ひごをザルのように編んで作った魚捕り道具）や糠ぶせ（ギアマンビンに米糠の炒ったものを入れた魚捕り道具）を水の中に仕掛けて小魚やウナギなどを捕った。また、石垣の中に手を突っ込んで手探りでカニを捕った。先に述べた盥乗りは子どもたちの間ではやった遊びで、太田町の勝谷寅三氏は「夏は「タライ」をゴロゴロところがして、現在の安田屋そば店の辺りまで持って行き、帰りはタライに乗りぷかりぷかりと水の流れにながされて遊んだものでした」と述べている。川に幾筋も架けられた橋の上も子どもたちの遊び場であった。

こうした用水と人々とのかかわりは江戸時代以来のものと思われる。手控には、堰き止めていた御用水を放流する際、水道方同心から町方に、川で遊んでいる子供たちに注意するよう命じた記事がある。干上がった水路で子どもたちは魚でも捕まえていたのであろうか。

ところで、御用水に捨てられたゴミの中からお宝を発見しようとする者もいた。「よなげや」と言う。静岡の歴史にかかわる多くの著作を残された小川龍彦氏によれば、よなげやは御用水に入って金属類を回収する商売で、常に市街のどこかで仕事をしていて、小学校の頃伝馬町辺りでよく見かけたという。横内川にも「光り物拾い」という商売があった。「光り物拾い」は先宮(さきのみや)神社のお祭りや来迎院の十三仏のお祭りのおこぼれを目当てにしたもので、時には銅や鉄屑と共に銅貨、銀貨を拾うこともあったという。もっとも商売というほどのものではなく、夏季は水浴びを兼ねていたようだ。

コラム④　看板、建物等の規制

市街の円滑な通行や美観を守るため、駿府町奉行所では看板や建物等に対し、様々な規制をかけていた。

看板を掲げる場合、当初は水道方同心の内諾を得るだけでよかったが、宝暦十年（一七六〇）一月からは町奉行所宛てに絵図面を添付した許可願を提出することが義務付けられた。看板には屋根の上などに立てる建看板や軒下や軒柱に吊るす掛看板など様々な種類があったが、許可の手続きは種類によって若干異なっていた。たとえば建看板の場合は許可願を提出するだけで良かったが、掛看板の場合は事前に水道方同心の下調べが必要とされた。これは軒柱が道路内と見なされ、慎重に審査されたためと思われる。ただし寛政三年（一七九一）以降、下調べは不要となった。このほか暖簾（のれん）や幟（のぼり）の設置についても許可願の提出が必要であった（写真19）。

家を建てる際に足場囲をしたり路上でその日限りの商売をしたりする場合は許可願の提出は

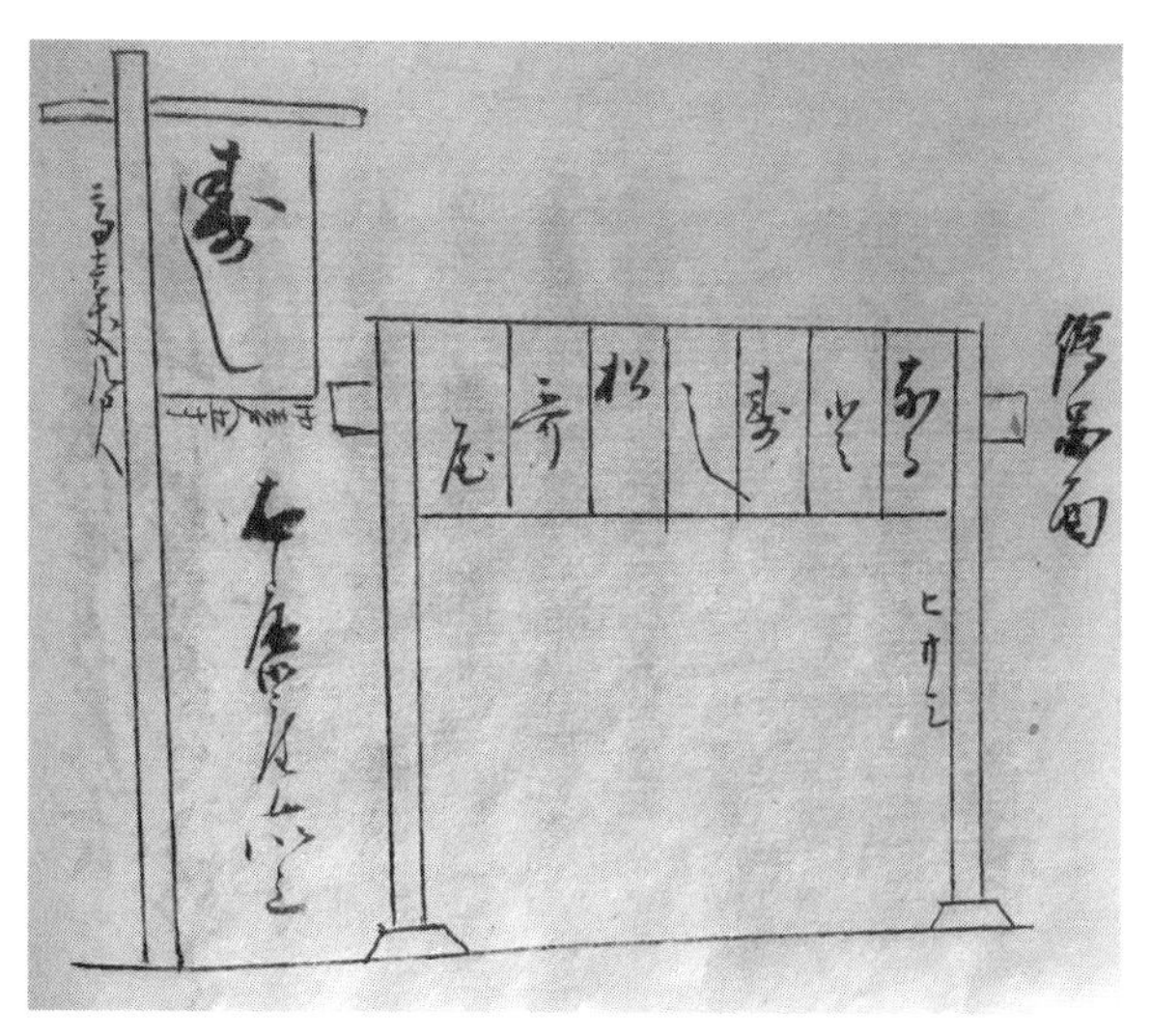

写真19　許可願に添付された幟と暖簾の絵図面（「駿府町奉行役人関係資料」著者蔵）
右側の暖簾には「なると寿し松崎屋」とある

不要であったが、水道方同心の内諾を得る必要があった。家を修復したり新築したりする場合は、水道方同心が下調べをした上で町奉行所宛てに正式に許可願を提出、完成した際には与力と水道方同心の確認を受けた。ただし以前家があったところに新築する場合は、完成時の確認は水道方同心のみで済まされた。

　文化四年、伝馬町青木屋善左衛門は大火で家を焼失したため、元の位置から二尺ほど後退した位置に家屋を再建した。しかしその後両側の家が元の位置に家を建てたため、善左衛門の家だけが町並みから引っ込む形となった。善左衛門はこれを「甚見苦しき」として、文化十年十一月、道路側への屋敷の増築を願い出た。善左衛門の計画に対して水道方同心は「町並みから出張る様子もなく、類焼後、建て方が不束だったので、元通りに直るのならば問題はない」と許可している。家を建てる場合は、道路敷を侵さないこととともに町並みを揃えることも重視されたことがわかる。

家の修復や新築の際、許可願の提出を怠る者が多かったようで、慶応二年（一八六六）水道方同心は年行事を通じて町方にその徹底を命じている。

第五章　消えゆく用水

本章では、明治以降駿府用水がなぜその主要な役割を失い、市街から消えていったかについて見ていきたい。

1　明治期の用水

駿河府中藩の用水管理

江戸幕府が倒れると、慶応四年（一八六八）八月、徳川宗家を相続した徳川家達（いえさと）が駿河府中藩七十万石の藩主として駿府城に入った。駿河府中藩は明治二年（一八六九）静岡藩と改め、明治四年の廃藩置県まで存続する。この間明治二年に駿府城が新政府に取り上げられた。新政府は財政事情から城の管理に手をかけず、かえって城内施設の売却が進められた。明治四年末に静岡学問所の教師として来日したエドワード・ウォーレン・クラークは廃墟と化した駿府城の惨状を記録している。駿府城の堀への給水にも関心が払われなくなったと思われる。当時の市街はゴミが家近辺に捨て置かれ、水路の浚渫も行き届かず、汚物、腐敗物が滞まって悪臭を放つ状況であった。原因は徳川家を慕う幕臣が大量に移住したことと、幕府の権威が失われて社会秩序が混乱したことにあると思われる。

　しかしながら駿府用水は住民生活にとって依然として欠くことのできない存在であった。市街の行政を担当していた町方役所ではゴミを用水に不法投棄した者に三十日間の用水掃除を命じたり、小溝の浚渫が行き届いている町を褒賞したりしている。公共のゴミ捨て場（塵芥処分場）の設置も進めた。当初、ゴミ捨て場の候補地としては油池、両替町三丁目北側（時之鐘の鐘撞人（かねつきにん）が畑地として利用していた場所）、四足町北側の空き地が挙げられたが、明治三年十二月、最終的に常平倉（じょうへいそう）（静岡藩が産業振興のため設置した機関）構内穴二カ所、油ヶ池、茶町南北裏手穴、草深町代地裏穴に決定した。明治十三年四月には、安西外新田字東六新田の一町八畝歩

（約一・一ヘクタール）がゴミ焼却場となり、明治三十二年十二月には静岡市が県から安倍川河川敷の八反一畝歩（約〇・八ヘクタール）の使用許可を得て、同所で焼却が始められている。

静岡市の用水管理

明治二十二年に静岡市が誕生した翌年、駿府城が国から市に払い下げられた。この時駿府用水の流末にある千代田村、豊田村、大谷村は用水を安定的に確保するため、市から二ノ丸堀の使用許可を得るとともに、三ノ丸堀を譲り受けた。さらに明治三十六年、三村は豊田村外二カ村普通水利組合を設立した。後の城濠用水土地改良区である。新井用水についても明治三十一年、流末の豊田村、大里村、安東村、南賤機村の四カ村が豊田村他三カ村灌漑用水組合を設立した。江戸時代の流末村々の用水権は近代に引き継がれたのである。

一方明治以降、コレラ等伝染病の発生が頻発していた。大雨による用水の氾濫によって市街に滞った汚水は伝染病の発生源と見なされ、その処理が緊急の課題となった。

明治二十九年五月、県令で定められた市町村清潔規則により、市町村に毎年二回以上の下水道、下水道溜の浚渫が義務付けられた。明治三十三年七月には汚物掃除法に基づく静岡市汚物掃除規則が施行され、市の責任に基づく用水管理のしくみが整えられた。

この体制の下で用水管理を直接担ったのは市と契約した請負人（業者）である。請負人は掃除人を雇い、二日に一回市街の用水の汚物、ゴミを掃除し、集めたゴミ等を運搬車でゴミ捨て場に持ち込んだ。一方で市職員である掃除監督長（主務吏員）とその下に置かれた掃除監督は分担して掃除人を監督した。掃除監督は用水の修繕、浚渫の必要がある場合、監督長にその旨を申し出ることとなっていた。また、住民が掃除、修復すべき場所に問題があれば、住民に戒告、注意を与えることができた。

さらに用水施設の簡単な修繕をする市常工夫が配置された。市常工夫は定員二名。法被、股引、腹掛姿で業務にあたった。降雨の際には用水の氾濫に気を配り、必要に応じて緊急工事を行った。暴風雨の際は休日、夜間といえども仕事に就いた。用水施設の破損が酷く手に負えない場合は掃除監督長まで申し出ることとなっていた。

なお、請負人制度については効果が見られないとして明治三十五年に廃止され、市の直営となった。

2 大正期以降の用水

市街の下水処理問題を解決するために、大正四年（一九一五）には市街から安倍川に向けた延長約八百メートルの大下水路が完成。その後も下水路、放水路の建設が進んだ。大正十四年、市は低地のため排水の便が悪い市街地中部及び西部への下水道敷設に着手する。下水道は昭和四年（一九二九）三月に竣工。この時小溝がL型側溝となった。下水道開通間近に編さんされた『静岡市史編纂資料　第三巻』では「市内は下水工事の完成と共に軒下の清流も見ること能わざるに至るであろう」と小溝の消滅に対する哀惜の念を伝えている。この後逐次、市街に下水道網が広がっていく。

下水道の整備と併せて上水道整備の機運が盛り上る。当時市民は浅井戸の水を飲んでいたが、井戸に侵入した有機物が伝染病の原因になると指摘されていた。上水道には防火用水としての期待もあった。

上水道の整備に当たっては、安倍川からの直接の取水が不安定であるため、地中に埋めた集水管によって地下水を集める方法が採用された。大正十四年、適当な水源を求めて地質、地下水調査が開始され、最終的に鯨ヶ池よりさらに北にある安倍川左岸の牛妻地区が取水場所に決定した。牛妻地区は砂礫層が地下十八メートルに及び、豊富な伏流水を確保することができた。昭和三年三月に事業着手。昭和八年から供給が開始されている。その後、人口増加や工場建設等、水需要が増大する中、周辺には次々に新たな取水場所が設けられた。

昭和十一年(一九三六)、かんがい用水の安定供給のため、静岡用水の整備が始められた。工事の内容は、門屋から福田ヶ谷にかけて集水多孔管を埋設して安倍川の伏流水を集め、既存の水路に導くものであった。工事は一部施行されて中止となったが、この時御用水の水路の多くが静岡用水に再編成され、現在に至っている。

上下水道の設置によって市街における駿府用水の役割は失われ、年間を通じて一定の水量を保つ必要も開渠である必要もなくなった。その結果、用水の大部分が道路下の暗渠となり、人々の視界から消えていったのである。

コラム⑤　安倍川の氾濫

荒れ川である安倍川は幾度となく氾濫を繰り返した。中でも「子の荒れ」と呼ばれた文政十一年（一八二八）の洪水と大正三年（一九一四）の洪水は有名で、いずれも濁流が駿府御囲堤を突破して市内に甚大な被害をもたらした。手控にも文化十二年（一八一五）の洪水の記事が見られる。

文化十二年七月、雨が降り続いて安倍川が増水。七月九日、とうとう駿府御囲堤の外側に開かれた外新田（写真20）の外囲堤が約百間（約百八十二メートル）にわたり決壊。新田に水が流入した。百姓たちは代官の指揮の下、「追牛（おいうし）（笈牛）」を川に投げ入れて水防に努めている。

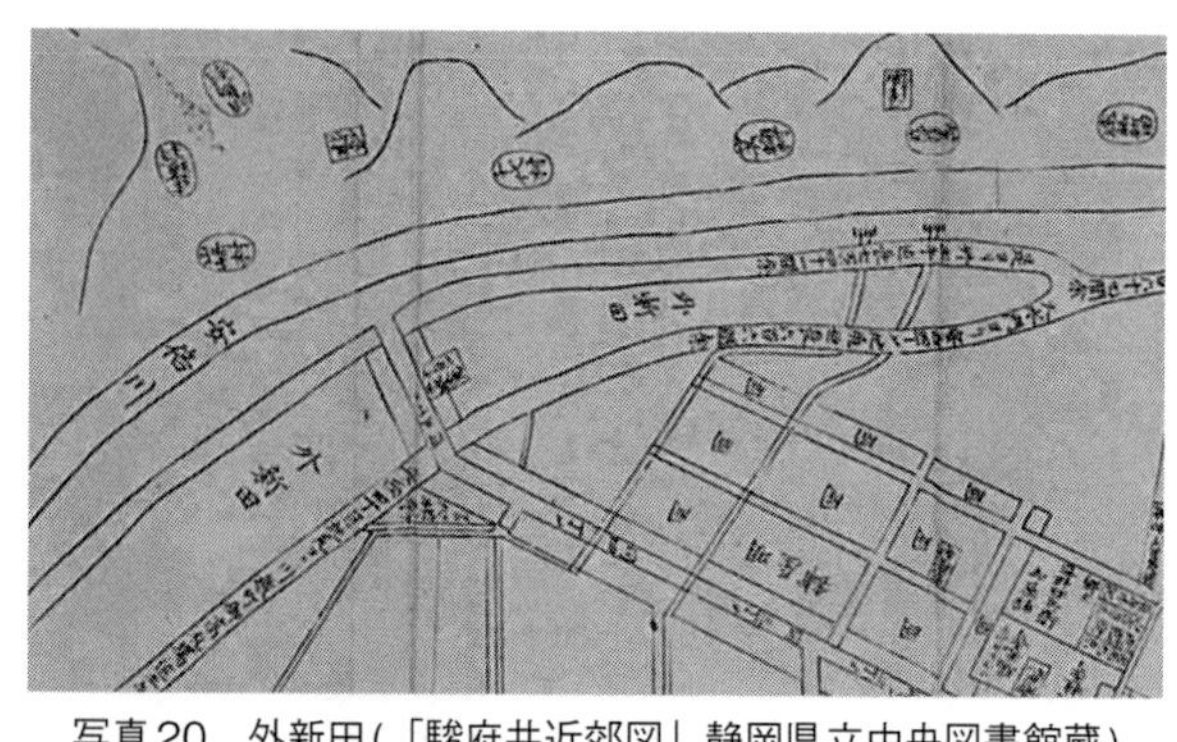

写真20　外新田(「駿府井近郊図」静岡県立中央図書館蔵)

追牛とは三角錐に組まれた木枠の中に、石を詰めた竹かごの重りを乗せたものである。洪水の際水の勢いを弱めたり、流れの方向を変えたりして堤防の決壊を防ぐことが期待された。

しかし洪水の勢いは衰えず、十日には駿府御囲堤も危険な状態となった。決壊すれば駿府市街に水が流れ込んでくる。代官は慣例に従い水防人足の派遣を町奉行に要請。水防人足は駿府町方十四カ町（茶町一丁目、馬場町、車町、士太夫町、桶屋町、柚木町、宮ケ崎町、御器屋町、安倍町、安西一～五丁目）に割り当てられていた。水道方同心の指示で人足たちは手に手に空俵、鍬、鎌を持って参集。決壊箇所に土俵を積み上げて水の流入を防いだ。

翌十一日も危険な状態は変わらず、人足たちは今度は聖(ひじり)

牛を投げ入れている。聖牛も追牛とほぼ同様の機能を持つものである。この日空俵が足りなくなり、代官は駿府城内の蔵などを探し回るが、最終的には町奉行所に援助を求めている。そこで町奉行所では参集する人足に一人空俵一つずつを持参するよう命じた。

十二日になると次第に水位が下がりはじめ、決壊の危険は去った。人足たちも七ツ（午後五時頃）に解散となる。その後代官より「町方骨折」として町人たちに酒一樽が届けられている。投入された水防人足は三日間で延べ三百人に上った。

あとがき

本書は新たに発見された手控等を手掛かりに江戸時代の駿府用水の実態とその後を描いたものである。駿府用水を知ることは、ノスタルジックに過去を振り返ることにとどまらない。そこには極めて今日的意義があると思う。以下、そのことについて四点にまとめてみた。

第一に駿府用水を知ることは、周辺の自然環境の理解を深めることにつながる。駿府用水の整備は自然流下式など当時の技術水準から、安倍川の特性や周辺の微細な地形や地質、水環境に今以上に配慮して行われた。そのため駿府用水の整備構想をより詳しく明らかにしていくことは、周辺の自然環境のより深い理解につながる。このことは近年頻発する自然災害への対処の点からも重要である。

第二に駿府用水を知ることは、水の管理システムの在り方を改めて見直すことにつながる。現在都市における水の流れは上下水道、農業用水などに分かれ、管理する部署も異なっている。その結果水の流れの全体像は見えにくくなり、水利用の調整も難しくなった。一方で、平成二十六年（二〇一四）に水循環基本法が制定され、水源から流末まで地下水を含めた一体的な水の管理が求められている。江戸時代の駿府用水は限られた水を多くの立場の人々が様々な用途で利用しているが、水道方同心を中心に実に行き届いた利害調整が図られていた。このことはこれからの水の管理システムを考える上で少なからず参考になると思われる。

第三に駿府用水を知ることは、水にかかわるインフラと住民とのかかわりを見直すことにつながる。現在水にかかわるインフラはほとんど行政に委ねられている。蛇口の先にある水の管理に人々は無関心であり、自然災害による断水等によって初めてその大切さに気づくのが実情である。水は人々の命の源であり、その管理について住民はもっと関心を寄せるべきであろう。江戸時代の駿府用水は、開渠ゆえに常に住民の関心の下にあり、様々な場面でその管理に住民が参加していた。このことは水にかかわるインフラと住民とのかかわりについて本来あるべき姿を示している。

第四に駿府用水を知ることはこれからのまちづくりに直接につながる。近年「水辺再生」の名の下、特色あるまちづくりの一環として、積極的に都市の中に開渠を整備する動きが広がっている。開渠であった駿府用水は人々の生活、生業を支えただけでなく町の風景に彩りを添え、レクリエーションやコミュニケーションの場を提供していた。駿府用水を開渠として復活させれば、魅力的なまちづくりの一助となるのではないか。

次に駿府用水を研究する上での今後の課題について簡単に触れておく。まず、用水が成立した事情や管理体制の変遷については不明な点が多く、新史料の発掘と合わせ、今後の研究が待たれるところである。また、本書では史料的制約から主に水道方同心の管理下にある市街の用水を扱っているが、水道方同心の管理外である武家地や駿府城内、農村部も用水系の一環をなしており、今後その実態についても明らかにしていく必要がある。駿府用水の構造はもちろん、一番水門をはじめとする諸水門、堰上場、溜井等用水関連施設の構造や規模、明治時代から上下水道開通までの用水の実態や管理に関しても未だ不明な点が多い。

最後に本書の出版に当たってお世話になった方々に改めてお礼を申し上げたい。本書の骨格部分は伊豆屋伝八文化振興財団の紀要に論文の形で掲載いただいたものである。そのほか、静岡県地域史研究会では何度か発表の機会をいただき、常葉学園大学（現常葉大学）の川崎文昭教授、静岡県立大学岩堀恵祐教授には学内で報告の機会をいただいた。

駿府ウエイブの川崎勝彦氏には用水の実地踏査に同行いただき、現在の用水系について詳細な説明をいただいた。その際強く感じたことは、用水の流れは日々変化していることである。江戸、明治の用水系を現在の用水系から推測することはますます容易ではなくなっている。それでも往時の駿府用水の痕跡が市街各所にかろうじて残っていることには強い感銘を受けた。

そのほか、安本敏雄氏からは用水について直接書面をもって情報提供をいただいた。現在も蕎麦屋、紺屋として伝統の暖簾を受け継ぐ安田裕氏、川村泰男氏からは横内川の取材について協力をいただいた。静岡県教育委員会文化財保護課の河合修氏からは中世の駿府用水について有益な示唆をいただいた。静岡新聞社編集局出版部の庄田達哉氏、佐野有利氏には出版において多くの助言、協力をいただいた。特に、静岡産業大学総合研究所客員研究員の中村羊一郎氏からは本書の執筆の方向性や内容について折々に懇切丁寧なアドバイスを賜るとともに、出版に至るまでの道筋をつけていただいた。

本書の執筆中に嬉しい発見と出会いがあった。中村羊一郎氏の御示唆により、松山富右衛門の御子孫の史料が静岡市文化資料館に所蔵されていることが判明したのである。史料を閲覧させていただいたところ、水道方同心に直接かかわる史料は見当たらなかったものの、同心の業務に関する史料や絵図などが確認できた。御子孫の中には幕末に同心を務める一方、神道無念流の達人として知られ、幕府の要人に招かれてその腕前を披露した方もおられた。その時の感状と刀も残されていた。さらに静岡市の御配慮により、現在は市外にお住まいの御子孫の方と直接連絡を取り、調査の成果について報告させていただくことができた。

本書を通じて一人でも多くの方が駿府用水及び駿府の歴史に関心を持っていただければ著者としてこれに勝る幸せはない。また、在りし日の駿府用水やその痕跡について情報をお持ちの方がおいでになれば是非提供をお願いしたい。

【主な参考文献】

○古文書

「駿府近傍用水絵図」東北大学附属図書館蔵狩野文庫

「駿府鳥瞰図」駿府博物館蔵

「駿府大絵図」天理大学附属天理図書館蔵

「駿府并近郊図」　静岡県立中央図書館蔵

「静岡市史編纂資料　雑」静岡県立中央図書館蔵

立花家文書（東京大学史料編纂所蔵）

松山家文書（静岡市文化資料館蔵）

○古書

阿部正信『駿国雑志』　一八四三年　静岡県立中央図書館蔵

作者不詳『古老雑話』　年不詳　西尾市立図書館蔵岩瀬文庫
新庄道雄『駿河国新風土記』一八三四年　静岡県立中央図書館蔵
中村高平『駿河志料』一八六一年　静岡県立中央図書館蔵
斎藤幸雄等『江戸名所図会』一八三六年　静岡県立中央図書館蔵

○関連論文

森威史「駿府囲堤築造考ーいわゆる薩摩土手の築造について」(『地方史静岡　二二』)　一九九四年
河合修「海道一の弓取りの都市、駿府」(『守護所と戦国城下町』高志書院)　二〇〇六年
静岡市役所企画文書課「静岡市水道の歴史」(『静岡市史研究紀要第5号』)　一九六四年
竹内正辰「静岡市鯨ヶ池附近の地形と池の成因」(『静岡大学教育学部研究報告　一三』)　一九六二年
波多野純「開渠の上水を通じてみた近世城下町の都市設計」(『都市と共同体　下』名著出版)

一九九一年

稲葉昌代「明治中期における静岡の紺屋―松本家に残る「吾妻紺屋・紺銀」の資料から」（『常葉大学短期大学部紀要　四五』）二〇一四年

柴雅房「近世都市における惣町結合について-駿府町会所「万留帳」の分析から-」（『史境三七号』）一九九八年

柴雅房「近世城下町の都市用水について―駿府を事例として」（『伊豆屋伝八文化振興財団年報　第6号』）二〇一八年

田中傑「しずおか大火とその教訓」（『静岡の文化　九一号』）二〇〇八年

○刊本

『静岡県史　資料編10』一九九三年

駿河古文書会『白鳥家文書抄』一九八九年

『静岡埋蔵文化財調査報告　第二〇三集　平成一九年度静岡地家簡裁庁舎敷地埋蔵文化財発

掘調査業務に伴う埋蔵文化財発掘調査報告書』　財団法人静岡県埋蔵文化財調査研究所　二〇〇九年
静岡市『静岡市史編纂資料　第三巻』歴史図書社　一九七九年
静岡市役所『静岡市史　新版　近世』一九八四年
静岡市役所『静岡市史　近世史料一』一九七四年
静岡市教育委員会『駿府城学術調査研究報告書』一九九〇年
海野實『安倍川と安倍街道』明文出版社　一九九一年
静岡県土地改良事業団体連合会『静岡県土地改良史』一九九九年
建設省静岡河川工事事務所『安倍川治水史』一九九二年
静岡人類史研究所『明治三十一年　安倍川調査書』一九八七年
安倍郡時報社『静岡県安倍郡誌』一九一四年
深津丘華『静岡物語』一九二三年
『城濠用水沿革誌』同改良区　一九八〇年

安本敏雄『続　懐かしの静岡—昭和のささやき』　二〇〇三年
安本博『三番町学区誌』　一九八〇年
小川龍彦『思い出のしずおか』　中日新聞ショッパー社　一九七五年
小川龍彦『続・思い出のしずおか』　中日新聞ショッパー社　一九七六年
小川龍彦『ふるさとの想い出写真集　明治・大正・昭和　静岡』　国書刊行会　一九八〇年
安本博『千代田誌』　一九八四年
『安東十三ヶ町郷土誌』　一九八一年
静岡市上土町内会『上土誌』　二〇〇四年
安本博『静岡中心街史』　一九七四年
平山陳平『駿河風土歌』　一八七四年
朝比奈清『さつま通り』　安川書店　一九七八年
若尾俊平ほか『駿府の城下町』　静岡新聞社　一九八三年
安本博『一番町学区誌』　一九七六年

日本河川開発調査会『大谷川史』一九八二年
太田町町内会『太田町町制五十周年記念　五十年の歩み』一九五九年
伊東稔浩『大谷の里』一九九〇年
『静岡市例規集』　静岡市役所　一九二三年
静岡市役所企画文書課『静岡市水道の歴史』(『静岡市史研究紀要』第五号　一九六四年)
土屋重朗『静岡県医療衛生史』　吉見書店　一九七八年
松永繁雄『北街道と巴川』　黒船出版　一九八五年
本通連合会『本通』　一九七二年
堀越正雄『増補改訂　日本の上水』　新人物往来社　一九九五年
伊藤好一『江戸の町かど』　平凡社　一九八七年
魚谷増男『消防の歴史四百年』　一九六五年
鈴木理生『江戸のみちはアーケード』　青蛙房　一九九七年
栗田彰『江戸の下水道』　青蛙房　一九九七年

○古写真

静岡県のアルバム　大正初期　静岡県立中央図書館蔵

○ウェブ

平井新作氏「～生活を支えた横内川～北街道の思い出」平井工業株式会社ウェブサイト

執筆者プロフィール

柴　雅房（しば・まさふさ）

一九六三年伊豆の国市生まれ。筑波大学人文学類（史学専攻）卒業。専門は近世都市史、農村史。現在、静岡県立稲取高等学校校長。静岡県地域史研究会会員、伊豆の国市文化財保護審議会会長。元裾野市史編さん調査委員、藤枝市史編さん調査委員。論文に「近世都市における惣町結合についてー駿府町会所「万留帳」の分析からー」（『史境三七号』歴史人類学会）「箱根用水の管理制度について」（『史境二三号』歴史人類学会）「駿河国近世初期検地の再評価ー駿東郡御宿村を事例として」（『裾野市史研究第十号』）「駿府の町人社会」（『静岡の文化第59号』静岡文化財団）など。著書に『静岡県地域史研究の成果と課題Ⅱ』（静岡県地域史研究会　共著）など。

静岡水物語
―新史料で読み解く駿府用水―

2020年2月27日　初版発行

著者	柴　雅房
発行者	柴　雅房
発売元	静岡新聞社 〒422-8033 静岡県静岡市駿河区登呂3-1-1 TEL 054-284-1666
装丁	塚田雄太
印刷・製本	藤原印刷株式会社
ISBN	978-4-7838-9998-3　C0021